利己的なサル

The Selfish Ape

人間の本性と滅亡への道

ニコラス・マネー
Nicholas P. Money
世波貴子 訳

さくら舎

JN064555

はじめに

実際のところ、その時代を輝かしく彩る才能ある詩人や哲学者、芸術家が、時代をさかのぼれば、確かではないにしてもおそらく、知性といえばキツネより少しばかり悪賢《わるがしこ》い程度で、しかもトラよりはるかに危険な、裸で獣《けもの》同然の未開人の子孫だという理由で、その素晴らしい品位を貶《おとし》められているのは事実なのだ。

トマス・ハクスリー『自然における人間の位置』

これは、私たちは何者なのか、を語る本だ。

朝、洗面台の鏡を見てどきっとすることがある。鏡の中から見つめ返す自分の目に、動物的な愚鈍さがのぞいているのだ。

今日はいつになくいい日になりそうだ、というときには、その顔はまるで「笑う騎士」(訳注：17世紀オランダの画家フランス・ハルスが描いた肖像画)のようだが、大抵はどことなく物憂《ものう》げな姿だ。

鏡の中に何が見えるにせよ、この時間を、自分の顔の見栄《みば》えをあれこれ確かめたり、今にもやってくるかもしれない死への恐れを、とりあえず今夜までは忘れておこうとしながら過ごしている私は、いくばくかの虚栄心にとらわれているのだろう。

私たちが生きている、行きすぎた自己陶酔の時代には、私のこの程度のうぬぼれはまだ軽いほうだが、私は最近、これとは違った趣《おもむき》の歌を書いた。ビクトリア朝風の音楽堂で、繊細すぎるボーイソプラノで歌われるような曲だ。その出だしはこうだ。

なんと無慈悲なわが人生、今日も
富もなく、名声もない
かつかつの暮らしを強《し》いられ、
それでも自分を奮い立たせる

私の話はこれくらいにしよう。

私たちはみな、カール・リンネが1758年にラテン語で「賢いヒト」を意味する「ホモ・サピエンス（*Homo sapiens*）」と名づけた、アフリカ起源の類人猿の種に属している。当時のリンネは人類の英知を確信していたに違いない。人類の歴史を通じて私たちが抱いてきた幻想のおかげで、私たちは、人類は自然界できわめて重要なのだという、この上なく奇妙な妄想を抱いてきたし、私たちが他の生き物より優《すぐ》れていて、素晴らしい技術によってより明るい未来を築きあげていくだろうと、頑《かたく》なに信じこんでいる。

ある著名な思想家の見方によれば、私たちはすでに、神のような力を手に入れた存在としての新たな人間、すなわちホモ・デウス（*Homo deus*）の役割を引き受けようとしている。

この21世紀には集合知（訳注：多くの人々の知識が蓄積、集合したもの）が不十分で、全世界でエネルギーが自己陶酔のために費やされていることから考えると、ホモ・エゴティスティカス（*Homo egotisticus*）（訳注：自己中心的なヒト）がお似合いか、それともホモ・ナルキッソス（*Homo narcissus*）（訳注：ナルシストなヒト）、つまり自己陶酔《とうすい》にふけるヒトと名づけたほうがよさそうだ。

ナルキッソスの神話の大筋は、読者のみなさんもご存じと思うが、簡単におさらいしておこう。帝政ローマ時代の詩人オウィディウスが『変身物語』に書いている話で、川の妖精リリオペの息子ナルキッソスはたいへんな美少年だった。男も女も、森や水の精さえも、この若者の虜《とりこ》になった。

ナルキッソスは注目されることを楽しんでいたが、誰に求愛されても拒絶していた。ふられた男の一人が、ナルキッソスがその美しさのゆえに罰を受けるよう祈ると、その願いは女神ネメシスに聞き届けられた。

森の中で一休みする場所を探していたナルキッソスは、澄んだ水に映った自分の姿に魅了された。激しい恋に落ち、目も眩《くら》むほど美しいその若者が自分を受け入れてくれないことに苛立《いらだ》ったが、やがて恋い焦《こ》がれる相手が自分自身だと気づく。

それで正気に戻るどころか、情念はますます募《つの》る。苦しみに耐えかね、ナルキッソスは自ら命を絶ってしまう（訳注：この物語には「やせ細りついに命を落とした」「水に映る自分に口づけしようとして水に落ちて死んだ」、などいくつかのバージョンがある）。

この哀れな若者をなんてつまらない奴だと思う前に、ナルキッソスの自己陶酔が自己保存を打ち負かしたのと同じことが、今の人間に起こっていると考えてみてほしい。

気候変動への取り組みで、私たちは無能ぶり、あるいはやる気のなさを露呈しているのだから。我々のほうが、オウィディウスの物語よりひどいナルシストぶりをさらしている。

私たちは、宇宙規模の野蛮人だ。18世紀、エドワード・ギボンは名著『ローマ帝国衰亡史（*The History of the Decline and Fall of the Roman Empire*）』を書いたが、『人類衰亡史（*The*

History of the Decline and Fall of the Earth)』を書く歴史家はいないだろう。リンネの時代から3世紀が過ぎ、人類の名前を変えるべきだという根拠には事欠かない。

ホモ・ナルキッソス（*Homo narcissus*）：*illa simiae species Africana ab origine quae adeo orbem pervastavit terrarum ut ipsa extincta fiat*（アフリカ起源の類人猿の一種。地球の生物圏を荒廃させ、それによって自らも滅亡に至った）

私たちは、自分たち自身についてもっと客観的な見方をするほうが賢明で、そうすれば自分が何者であり、何者でないかを正しく認識できるだろう。この薄い本は、自分を見直すための道具として書かれた。

まず、宇宙の中での私たちの位置（第1章）から説き起こし、微生物から始まる人類の起源、人体がどのように機能し、ＤＮＡはどのように人間を決めているか（第2章から第4章）を述べる。

次は人間の生殖、脳機能、老化と死についてみていく（第5章から第7章）。第8章と第9章は、偉大さと失敗が絡み合う人類の営《いとな》み、つまり実験科学は素晴らしい知識をもたらしたものの、自然を理解し操《あやつ》ることが、地球環境の破壊という代償を払って成し遂げられたことに目を向ける。

どの基準に照らしても、我々はどちらかというと悪い行いをしてきた。第10章では、真実に向き合うことで自己陶酔を乗り越え、義務を果たして *Homo narcissus* をよりよい存在へと高めることで、*Homo sapiens* の名にふさわしい存在となるという希望を込めながら、文明の運命を考える。


これほど優れた脳をもっているのだから、どんな大問題も解決できるうえに、テクノロジーが我々を救ってくれるだろう。*Chicken Licken*（心配性）になる必要はない（訳注：Chicken Licken——子ども向けのお話に登場するヒヨコのリキン。木の実が頭の上に落ちてきて、「たいへんだ、世界が落ちてくる」と怖がる）と信じたくなる。

P・G・ウッドハウスはこんな考え方の頼りなさを非常にやんわりと叙述している。（訳注：『それゆけ、ジーヴス』国書刊行会、森村たまき訳）

確信はないのだが、あれはシェイクスピアだったと思う……人が物事全般について、とりわけ意気軒昂《いきけんこう》でいるまさにその時に、いつだって運命は鉄パイプを握って後ろからこっそり忍び寄って来るものだ、と言ったのは。

時計は今も時を刻んでいる。黙示録《もくしろく》の四騎士（訳注：ヨハネ黙示録に描かれる4人の騎士で、キリスト教では未来の苦難を予言するものとされる）がやってくるまでの時間は、地質学的に見れば、ほんの瞬《まばた》きほどの短さだろう。

◎目次

はじめに　1

第1章 地球 こうして地球に生命が生まれた

ゴルディロックスゾーンの中で　20
あらゆる生物を育んだ星　21
人類は呪われた存在!?　23
私たちは孤独なのか？　25
ビッグバンから現代まで　26
人はさまざまな環境で暮らしている　28
ホッブズの苦笑い　30
太陽から届けられる光子　32
無責任な地球の管理人　34

第2章 創生 人類はこうして登場した

最初の細胞 38
最古の祖先生物 39
「動物」の条件 41
私たちはカイメンと親戚 43
多細胞生物の出現 45
カイメンの運命 47
動物は菌類と近縁 48
鞭毛、繊毛のはたらき 50
人類を生んだ「繊毛」 52

第3章 人体 私たちの体はこうしてはたらいている

人間は何でも食べる生き物 58

ジャガイモだけでも生きられる？　60
小腸の消化力　61
ミトコンドリアの存在　63
生きるとはゆっくり燃えること　64
生命は細胞がもつ電池の力で成り立っている　66
神経系の得意分野　68
脳の発達を促した要因　70
人体に必要なエネルギー　72
免疫システムの奇跡　73
体内で交わされている騒々しい会話　75

第4章　遺伝子　私たちはこうしてプログラムされている

時を超えて流れるＤＮＡ　78
すべてはゲノムにある　79
酵素のはたらき　81

遺伝子の変化と進化の本質 83
進化は整理整頓には無頓着 85
遺伝子数、実は…… 88
ジャンクＤＮＡとオニオン・テスト 89
二重にコピーされた遺伝子 91
人類の遺伝的多様性 93

第5章 誕生 私たちはこうして生まれる

偉業が成されるとき 98
体の基本設計図 99
発生をめぐって 101
みんな太ったタツノオトシゴのよう 103
体ができるまで 104
最初の一息 106
人生とはニアミスの連続 108

思いがけない贈り物か迷惑な重荷か　110
むき出しの無神経な自尊心　111

第6章　知性　私たちはこうして思考する

神経系では最高時速400キロで情報が行き交う　116
「辺縁系」の登場　117
言語という特性　119
昆虫にも心がある　122
ハエは何を考えているか　123
昆虫の見方を揺るがす実例　125
生き物の意思決定　126
すべての生物は感じ、考え、語り合っている　128
知性は武器として進化した　130
宇宙一の優れた知性の持ち主　132

第7章 死　人生はこうして終わりを迎える

なぜ死があるのか　136
進化にとって死とは……　137
エントロピー増加が意味すること　139
脳をコンピュータにアップロード？　141
不死への期待　143
クラゲの若返り　145
死因をめぐって　147
死ぬことも生きること？　148
4人目のクリストファーの言葉　151

第8章 偉業　こうして人類は進歩してきた

フランシス・ベーコンの願い　154

最大の発見　155
DNAの謎解き　158
世紀の大発見　160
バイオテクノロジーへの道　163
医学への応用　165
それでも科学は素晴らしい　168

第9章　温暖化　私たちはこうして過ちを犯す

人類滅亡の筋書き　174
誰もが文明の終末に加担している　175
人口問題は無視されてきた　177
生物界の大変動と気候変動　179
人類が起こした大絶滅　181
環境破壊の勢い　183
しのび寄る危機　184

気がつけば人間しかいなくなる!? 186
科学は罪なのか？ 188

第10章 品格 私たちはどう去っていくべきか

世界の終わりはどんなふうに訪れるか 194
危機感の欠如 195
人類文明にホスピスケアを!? 197
「ヒト族」の行方 199
人類はずっとステージ4 200
人類抜きの再出発？ 202
破壊者の思いやり？ 204
自然の一部だという感覚 206
私たちができる最善のこと 208

訳者あとがき 210

利己的なサル

人間の本性と滅亡への道

THE SELFISH APE
By Nicholas P.Money
Copyright © 2019 by Nicholas P.Money
Japanese translation rights arranged with
REAKTION BOOKS LTD. through Japan UNI Agency,Inc.,Tokyo

第1章　地球

こうして地球に生命が生まれた

ゴルディロックスゾーンの中で

私たちは、一生のほとんどを地球の表面で、地上から離れることなく、空気を呼吸しながら過ごす。歩くのも、走るのも、座るのも、そして眠るのも大地の上だ。生まれ落ちて最初の呼吸から、最期《さいご》の苦しい息まで、気体の混合物を吸い、吐き出している。最大の生物であるクジラから最小のウイルスまで、人類の仲間たちのすべてが地球の生物圏、すなわち厚さ20キロメートルの層状の領域で暮らしている。

生物圏を越えた上空は大気圏上層部にあたり、最も生命力の強い生き物でさえすっかり干からびて、太陽に焼き尽くされてしまうような場所だ。生物圏より下は地殻の深部で、その下にあるマントルから放射される熱のために、生命はことごとく死滅してしまう。たくさんの物理的な特性が、地球の生物たちの営《いとな》みを支えている。地球の軌道はゴルディロックスゾーン（訳注：生命居住可能領域。ハビタブルゾーンともいう）の中にある。つまり太陽からちょうどよい距離にあるので水が液体として存在できるのだ。沸騰するほど近くなく、凍結するほど遠くもない。太陽は中くらいの大きさの恒星《こうせい》で、今は寿命の中ほどにさしかかっており、宇宙論学者の分類ではG型主系列星に属する。G型主系列星は原子炉のようなもので、水素原子が融合してヘリウムとなり、莫大なエネルギーを放出している。

私たちが見ている太陽は46億年前に誕生した。これからさらに50億年の間燃え続け、やがて燃料である水素を使い果たすと、膨張して赤色巨星と呼ばれる衰退期の星になる。それよりずっと前、今から10億年ほどで、年をとった太陽はより明るくなり、すさまじい高温発光（訳注：高温の物体から可視光などの電磁波が放射されること）によって生物圏はもはや二度と生物が生きながらえることのできない不毛の地となってしまうだろう。

あらゆる生物を育んだ星

だから、太陽がちょうどいい程度に輝いている時代に生まれたことは、たいへんな幸運なのだ。それに、私たちの銀河、つまり天の川銀河は、宇宙と同じくらい古く、生命にとって必要な化学物質を含んでいる。

炭素原子は私たちのタンパク質や、その他の有機分子の構造の基本をつくっているが、これはビッグバン後にできた最初の恒星が爆発して超新星となることで、初めて形成された。宇宙ができて30億年ほどたつと、これらの華々《はなばな》しい爆発によって宇宙塵《うちゅうじん》から新たな元素がつくられるようになり、それによってより重い元素を含む次世代の恒星が発達するようになった。

現在、炭素原子とさまざまな「金属（訳注：水溶液中で陽イオンとなる、などいくつかの定義を満たす物質を金属と呼び、それらを構成する元素が金属原子）」があまねく存在しているのは、銀河で恒星の崩壊と爆発が何度も繰り返された結果、銀河そのものがこれらの元素で満たされたからだ。

もし、太陽が今あるような恒星でなかったら、そして銀河が生命のもととなる成分をつくり出せるほど古くなければ、私たちはここにいなかっただろう。

物理学的、化学的な作用をさらに注意深く探究して、宇宙はそれが生命を育《はぐく》むようにうまく調整されていると主張する科学者もいる。重力はこのような幸運な特徴の一例だ。もし重力がわずかに弱ければ、そもそも物質が圧縮されて恒星になることはなかっただろう。逆に、より強い重力は宇宙の膨張《ぼうちょう》を妨げ、ビッグバン直後にビッグクランチ（訳注：宇宙全体に存在する質量がある値より大きい場合、自らの重力によって収縮し特異点に収束すること）が起こり、宇宙はつかの間の狂騒で終わっていただろう。

物理的な世界の幸運に関するこれらの解釈は、それが循環論法（訳注：証明すべき結論を前提として用いる論法）の上に成り立っていることに気づけば、説得力が薄れる。宇宙が私たちにとって都合がいいようにつくられたのだと信じるよりも、自らが身を置く環境に生き物たちがどうやって適合してきたかを考えるほうが賢明だ。

あらゆる動物、植物、微生物がもつに至ったすべての特徴は、この惑星で暮らすことに見事に適応している。そして、チャールズ・ダーウィンが自然選択のしくみを説いて以来およそ150年以上の年月が経つ間に、この解釈がどれほど浸透してきたかが周知の事実であることからも、この解釈は正しいと思える。

進化は、循環論法に頼らなくても理にかなっているのだ。

人類は呪われた存在⁉

進化のしくみはどこにでも当てはまるので、ゴルディロックスゾーンにあるあらゆる惑星に何らかの生命が生まれるかもしれない。人間原理とは、うまく調整されているという主張と結びつきがあり、この原理に従えば、宇宙は何らかの形の意識と交流できるようになっていて、それを認識する誰かなくしては存在できないことになる。

これも一つの循環論法で、真面目に受けとめるのが難しいような話だが、反論するのも同じくらい難しい。我々のような動物に備わっている意識は、進化の産物だ。我々はそれを幸運な特徴とみなすかもしれないが、そうではなく人類にはびこる呪《のろ》いなのではないかと想像してみることはあまりない。

地下牢でそろそろ処刑のときが近づいていると感じた囚人が、そんなことは忘れていればいい、と思うだろうか。それに、生命やその他の授かったものにけちをつけるべきではないとはいえ、生まれたいと自分から頼んだ者などいないのだと考えてみるのも有益だ。実際、現代の哲学者の中には、誰にでもできて、しかもなし得る最悪の行為とは、血のつながった子どもをもつことだと主張する者もいる。ここでの問題は、そしてそれは大きな問題なのだが、苦悩する能力をもってしまった生き物をより多く生み出すことは、宇宙で集合的な恐怖を増すということだ。

このような精神的な懸念は、数十億人の人間が引き起こす環境破壊という、より現実的な問題と重なる。

親であることの美徳が疑わしいことは脇に置くとしても、我々によって、そして我々のために独占権を与えられた宇宙という概念は、人類という種の驚くべき傲慢《ごうまん》さの表れだ。人類がいてもいなくても、地球は地軸を中心に時速1600キロメートルで自転し、太陽の周りを時速10万8000キロメートルで公転しているし、太陽系全体は銀河の中心の周りを動いている。

このような軌道運動はすべて、物質濃度の高い部分が点在するようになった、星間塵《せいかんじん》とガスの雲の中で始まった。より多くの物質が、重力で引きつけられて渦《うず》を巻きながらこれらのつくられつつある塊《かたまり》に向かって集まり、密度の高い塊が成長して恒星となった。

それぞれの恒星は周囲を回る惑星を伴っていて、各惑星はそれ自身の地軸を中心に回転している。惑星は、自分たちの恒星を生み出した密度の高いガスの円盤の残余物で、恒星の周囲を回り続ける。そして銀河全体は、その動きを妨げるものが宇宙には何もないので、すさまじい速度で回転している。

私たちは孤独なのか？

そして、観察できる宇宙の真ん中、天の川銀河のオリオン腕《わん》にある、一つの恒星の第三惑星であるこの場所で、私たちは歩き、走り、座り、そして眠っている。私たちが今いる場所に、特別なところなど何もない。今のところは、どっちを向いても友だちは見つかっていないし、肉眼で見ても電波望遠鏡を使っても、自分を真ん中にして静まり返った球体が広がっているようにしか見えないだろう。

カヤックで、海岸がどこにも見えないほど沖へ漕《こ》ぎ出したと想像してみよう。その辺りを漕ぎまわっても、広大な円の中心にいる感じは変わらないはずだ。水平線が縁取《ふちど》る円も、宇宙という球体も、観察者と一緒に動いている。ただ、天の川銀河は卵形をした宇宙の一方の端近くにあることは確かなようだ。私たちが知っているのはそれだけだ。

宇宙の中で私たちがいかにポツンと存在しているかをこれ以上考えると、広場恐怖症

(訳注：公共交通機関、広い場所、閉ざされた場所など特定の場所で不安や恐怖を覚えるため、これらの場所を避ける状態。ここでは広い場所に恐怖を感じることを指している）になってしまいそうだ。それとも、閉所恐怖症のためにパニック発作を起こすほうが、人間にとっては当たり前なのだろうか。

スティーブン・ホーキング博士は閉所恐怖のタイプだったようで、宇宙進出計画を早めに進めるべきだと語っていた。残念なことに、超新星から放出される熱や放射線を浴びて木《こ》っ端微塵《ぱみじん》にされることを避けながら、数百京キロメートルも広がる宇宙へ乗り出していくにはどうしたらいいかを、博士は教えてはくれなかった。

宇宙がとても優しい場所なら、飛び交う宇宙線は少なく、恒星間を旅する宇宙飛行士が立ち寄れる素敵な星もあるだろう。重力という存在に意思があり、人間にとって都合のいいように計らってこれらすべてを創造してくれた、などということは、実際にはほぼあり得ないのだ。

ビッグバンから現代まで

科学がアリストテレスの古典的天文学にとって代わるまで、星はガラスの球体に描かれていて、昼間は太陽の光にかき消されて見えず、夜は太陽が水平線の下に沈んで、光が弱くなるから見えるのだろうと考えられていた。星々で飾られた丸天井はそれほど高くはなく、雲よりも下にあると思っていたようだ。

ハムレットは、「頭上を覆《おお》うこの美しい天空」を「疫病をもたらす穢《けが》らわしい毒気の凝塊《かたまり》」（シェイクスピア『ハムレット』第2幕第2場　野島秀勝訳、岩波書店）と考えているが、ミルトンは銀河を「夜ともなれば、地球を帯のように取り巻く／星屑を鏤《ちりば》めたあの銀河」（『失楽園』第7章　平井正穂訳、岩波書店）と讃《たた》えている。

しかしそう考えると、静止した地球を覆う屋根を、明るい彗星《すいせい》が燃える尾を引きながらゆっくりと流れていくのはおかしい。流れ星は確かにたくさんあらわれる。同じ場所に、互いの位置を変えることなくとどまっている星がある一方で、動く星も毎晩あちこちに見られる。

ミルトンが「舞踏《おどり》を踊る、汝ら／その他の五つの遊星よ」（『失楽園』第5章　同上）と謳《うた》った、水星、金星、火星、木星そして土星だ。何もかもが、人間のためにしつらえられたように見え、人間には理解など望むべくもない力が、この時計仕掛けの空を動かしているのだ。私たちは神の意のままに操られるが、同時に神々が我々のあらゆる行いに関心を抱いてくれるおかげで、力をもつことができるのだ。

17世紀、自然を客観的に探究しようとする現代という時代に向かって、人類は「修道士じみた思い違いの過去という広大な海峡を渡りはじめた。ガリレオの『二つの宇宙体系に関する対話(*Dialogue Concerning the Two Chief World Systems*)』(訳注：一般的には『天文対話』と呼ばれる)が出版された1632年から、アイザック・ニュートンの『プリンキピア』が出版された1687年にかけて、宇宙論は熱心な科学的探究の対象となっていった。ガリレオは、地球が太陽の周りを回っているのであって、その逆ではないということを力説し、ニュートンは惑星の軌道を維持している運動と重力の法則を提唱した。

それから4世紀が経ち、私たちはビッグバン直後の宇宙の物理学について、しっかりした知識をもっている。ビッグバンで時間が始まった直後の物質のふるまいは不可解だが、それでも私たちが長い時間をかけてここまできたことは確かだ。

ほとんどの人々にとっては、宇宙誕生の詳細を知らなくても、生命の意味を理解するうえで困ることはないだろう。宇宙はあるのだし、私たちはそこで生きているのだ。

人はさまざまな環境で暮らしている

私たちがここにいることからもわかるように、地球は生きるために適した場所だ。それとも、人類が犯した数々の過《あやま》ちがなければそうなるだろうと言うべきかもしれない。

地球上にはさまざまな環境がある。地表の71%は塩水に覆われている。その他の地域の大部分は陸地で、森林や草原に覆われていたり、茶色や黄色の砂漠になっている。極地の気候や、50℃に迫るような高温になる地域では生きられない。

カリフォルニア州のデス・バレーのような場所に昼間ハイキングに行くなら、水分補給を怠《おこた》らないようにしなければいけないが、このような環境では人間の回復力の限界が試される。

太陽から届く紫外線も危険だ。私たちを守ってくれるのは、成層圏にある厚さわずか3ミリのオゾン層だ。この気体の恩恵がなければ、皮膚のDNAは修復能力を超えるくらい破壊されてしまうので、私たちは洞窟《どうくつ》に隠れ住まなければならなくなる。

オゾン層があることは、生存に最適なこの世界が、あつらえられたものだと考えるさらなる根拠となる。希望的な考え方をしないようにすれば、私たちはオゾン層の下で進化したので、必要とされる程度に紫外線（訳注：紫外線は太陽からの放射線の一種）に対する耐性をもつようになったというのが科学的真実だ。

それも、フロンガスなどの冷媒《れいばい》によってオゾン層が薄くなってしまう前の紫外線量になんとか耐えられる程度で、十分すぎるほどの耐性をもっているわけではないのだ。

生物は、バイオームの中で生きている。バイオームとは、植物の植生と、そこに生息する野生生物を分類したものだ（訳注：バイオームは植物の構成と気候区分をもとに、動物なども含む生物群集を類型化したもの）。生態学者によれば、バイオームは熱帯広葉樹林、温帯草原、マングローブの沼沢地《しょうたくち》など、12種類以上ある。

地球上の天然の植生は、それぞれの場所に最適なものになっていて、かつては豊かな野生生物を支えていたが、その多くが穀物生産のための農地に変えられた。大都市もまた、住みやすい環境の場所にできているが、灌漑《かんがい》と海水淡水化によって淡水を供給し、暑い砂漠に住んでいる人々も多い。

ホップズの苦笑い

私たちが健康な生活を送れるのは、清潔な水と空気――少なくとも飲んだり吸ったりできる程度の水と空気――そしていろいろな野菜や果物が手に入るおかげだ。人類はずっと動物を食べてきたものの、肉が手に入らなければベジタリアン生活も送れるし、倫理上、経済的、または環境に配慮するという理由からそうする人もいる。

肉はともかく、植物がなければ私たちは生きていけない。人間の営みにとって植物はとても重要なので、植物研究は現代の大学で経営学や会計学と同じくらい敬意を払われるべきだ。

経営学の学位の知的な土台ははなはだ心もとない。私の大学のビジネススクールでは、石造りの門に「知は力なり」という格言が彫りこまれている。これは、政治哲学者のトマス・ホッブズが1668年に発表したラテン語版『リヴァイアサン』の中で、"*scientia potential est*"（訳注：ラテン語で「知は力なり」を意味する）と記したものだ。

この名著の中で、ホッブズは科学、あるいは客観的な知識の重要性は、それを実践に役立てることだと述べている。自分の格言が、投資を生業《なりわい》とする銀行家の哀れな野望と結びつけられているのを見たら、ホッブズは苦笑いすることだろう。

どんな場合でも、21世紀の教育ある人々ならば、私たちが植物のおかげで生きていられることに感謝すべきだ。あなたの食べているものはどこから来るのか、と聞かれたら説明できなければならないし、「食料品店」とか「スーパーマーケット」などと答えるようではダメだ。

その過程は、エントロピーから始まり糖で終わる。エントロピーとは、あらゆるものはより乱雑になっていくという、物理学的な過程を示す用語だ。たとえて言うなら、書棚にきちんと並んでいた本が、地震が来れば落ちて散らばってしまうようなものだ。

あるいは、いつか私の遺灰が撒《ま》かれ、コロラド州東部の草丈の低い草原に広がっていくのも同じだ。さらに大きなスケールで言えば、乱雑さの度合い、つまりエントロピーは、ビッグバン以降の宇宙ではずっと増大し続けている。

エントロピーが時間の経過とともに増大していくなら、神のような存在が宇宙をつくったと信じる人々に尋《たず》ねてみよう。複雑な生き物、たとえばリスが存在していることをどう説明するのか、と。

答えは、宇宙での混沌《こんとん》をより広い視野で考えてみればわかる。リスという存在は、混沌とした宇宙に秩序という島が浮かんでいるようなもので、太陽がどんどん無秩序さを増していることと、リスが生きていることがバランスを保っているのだ（訳注：太陽で進む核融合反応は逆戻りできず、軽い元素が一方的に重い元素に変わっていく。それに対して生物は、物質の合成、つまり乱雑さから秩序への動きと、分解、すなわち秩序から乱雑さへの動きを繰り返しながら存在している）。

リスのような生き物と星を結びつけているのは、光合成だ。

太陽から届けられる光子

太陽から流れてくる光子《こうし》（訳注：光の粒子）は、太陽で起こっている核融合によって放出され、太陽エネルギーとして8分19秒かけて地球に届く。木星までは43分15秒、一番近い恒星であるプロキシマ・ケンタウリまでは4年3ヵ月近くかかる。

地球表面へとまっすぐに届く太陽光線のおよそ3分の1は、反射して宇宙へと戻っていくので、宇宙にいる誰かはこの光によって地球を見ることができる。残りの光は地球の大気、陸そして海をあまねく照らす。陸上の植物と海にすむ微生物は、この可視光線を利用して、クロロフィルによって光合成を行っている。

クロロフィルの分子は凧《たこ》のような形をしている。凧の紙を張った部分にあたる平らな面で光を受けとめ、長い尻尾のような部分がクロロフィルを細胞内に固定している。クロロフィルは緑色にあたる波長の光を反射するので、植物は緑色に見える。クロロフィルは青色と赤色の光で刺激され、クロロフィルの構造の中を運ばれた光エネルギーが、水分子を分解する。

この過程には2つの驚くべき特徴がある。第一に、私たちが呼吸している酸素が、この過程から放出されることだ。第二に、この過程で電子と呼ばれるエネルギーをもった粒子が発生し、植物はこの電子を利用して二酸化炭素をとらえ、結びつけて糖を合成するのである。

糖の分子は生命の基本だ。植物は、光合成で合成した糖の一部を使って、自分が必要とするエネルギーをまかなっている。

テンサイやサトウキビなどの植物では、糖の一部は甘いショ糖（訳注：砂糖の主成分）として貯蔵され、その他の植物ではより多くの糖が結びついた、味のない大きな分子である多糖類をつくり、それで植物体は硬くなり直立できる（訳注：植物の食物繊維の主成分は多糖類）。

動物は植物を食べ、これらの物質から自分の体の組織をつくる。生命は、こうして互いにつながりながら生きているのだ。

無責任な地球の管理人

光合成という驚くべき営みは、藻類《そうるい》や一部の細菌など、水にすむ微生物も行っている。陸上動物が植物を食べて生きているのと同じように、海や淡水にすむ動物は、これらの微生物を餌としている。

陸上にすむ生物も水中にすむ生物も、その大部分は、糖を合成する生物とそれらを食べる生物という相互関係を通して、太陽の光と結びついている。ヌー（訳注：アフリカ南部に生息するウシ科の動物）は別名ウシカモシカと呼ばれ、草を食べる。そしてライオンはヌーを捕食する。太陽─→草─→ヌー─→ライオンという単純な連鎖によって、太陽から来たエネルギーが流れているのだ。

太陽─→藻類─→オキアミ─→ヒゲクジラ、の流れも同じだ。菌類や多くの細菌類は光合成を行わず、植物や動物の枯死体を栄養としている。しかし、餌が生きているものでも枯死体でも、そのエネルギーは、元をたどればクロロフィルが吸収した太陽光なのだ。

プロメテウスはオリンポス山で火を盗んだが、火と同じエネルギーをクロロフィルは私たちの恒星から取りこんでいるのだ。

自然界には、太陽光をまったく必要としない微生物もいる。化学合成細菌と呼ばれる生き物だ。化学合成細菌は、硫黄《いおう》や鉄という単一の原子や、アンモニアや硫化水素などの単純な分子からエネルギーを取り出して生きている。深海底の割れ目から高温の水を吐き出している熱水噴出孔の周囲にたくさんすんでいるが、身近なところでは動物の腸の中にもいる。

腸内細菌は興味深い存在だ。腸内細菌がいるために、植物から草食動物、草食動物から肉食動物へのエネルギーの移動は複雑になっているからである。ヌーが草を消化できるのは腸内細菌のおかげだし、ライオンはヌーの肉の消化を助けてくれる細菌を腸内に飼っているのだ。

地球上で繰り広げられているこのような循環にとって、人類は大きな存在になりすぎている。それは、一つは人口が多いため、もう一つは他の生物にはできないようなやり方で生物圏を変えてしまうことを、技術の力で可能にしてしまったからだ。

支配者には責任も伴うものだが、私たちは、地球の管理人としての役目を十分果たしてこなかった。生活習慣を変えなければ、いつか化石となったとき、人類は地球の歴史で一番繁栄が短かった種になっていることだろう。それでも、生物圏は続いていく。人間たちが、環境をあらゆる大型の植物や動物がすめないようにしてしまっても、地球は浄化され、微生物は再び繁栄するだろう。

太陽の寿命が近づき地球を焼き尽くすまで、まだ10億年以上ある。より進化した未来に生きるものたちが、私たちの故郷をつくり直す時間はたっぷりあるのだ。そう考えれば、人間たちも分をわきまえる気になるだろう。

第2章　創生

人類はこうして登場した

最初の細胞

人類が地球を支配するようになったのは最近のことだが、そこまでの道のりはどんなものだったのだろうか。オウィディウスは『変身物語』（中村善也訳、岩波書店）の中で二つの創世物語を語っている。

一つは、「世界を創造した」神秘的な創造主の尊い御業《みわざ》によってつくり出されたとする物語、もう一つは（ナルキッソスと同じく）ニンフの息子であるプロメテウスが、土と水を混ぜて捏《こ》ね、その粘土で神の姿に似せて人間をつくったとする物語。

「このようにして、先ほどまでは荒涼として形もはっきりしていなかった大地が、一変して、これまでは知られなかった人間の姿で飾られることになったのだ」

土くれから人間がつくられるという物語の筋立ては、シュメール神話に見られ、アフリカのヨルバ人が口承で伝えてきた歴史でも語られる。塵《ちり》と粘土は、聖書とコーランでも神が人をつくった材料だった。

創世を語るこれらの神話はどれも、人間が完全にこの惑星の物質からつくられたことになっているという点で、筋が通っていて美しい。私たちは、土からつくられ命を吹きこまれ、この場所から生まれたのだ。

原初の時代に最初の細胞がどうやってできたかを生物学者たちが明らかにするまでは、私たちは最初期に起きたこれらの出来事が曖昧《あいまい》にしか語られないことに満足しなければならない。それは、曖昧だったビッグバンという出来事が、やがて訪れた物理学によって解明されたのと似ている。

最初の細胞があらわれて後、人間も含む動物がどう誕生したかについては、生物学は十分で満足のいく程度に解明してきたと言える。すべての生命は、この同じ誕生物語から始まったのだ。

最古の祖先生物

人類が類人猿の一種としての特徴をもつことは、今や太陽の周りを回る地球の楕円形の軌道と同じくらい確かな、生物学上の事実だ。神学者の一部にとっては認めがたく、霊長類学の教科書に人間が載っていることからして癪《しゃく》にさわるのだろうが、人類の分類を突き詰めれば類人猿にはとどまらない。

真実を悟るには、人間と類人猿のように明らかに似ている動物は近い親戚なのだ、という当たり前の結論を受け入れることよりもさらに深く探究を進め、より想像力をはたらかせなければならない。

人類の最古の祖先を見つけるために、私たちはまず時間をさかのぼることを想像してみる。ジョゼフ・コンラッドは『闇の奥』（黒原敏行訳、光文社）の中で、人類の起源へとさかのぼることと同じように困難な放浪の旅についてこう語っている。

「あの河をさかのぼるのは、世界の一番初めの時代へ戻るのに似ていた。地上で植物が氾濫し、巨大な樹木が王者として君臨していた時代のことだ」

しかし、私たちはそれよりさらに過去、樹木などまったくなかった時代までさかのぼらなければならない。21世紀から1億年さかのぼると、白亜紀《はくあき》の終わりの鳥たちがさえずる声が聞こえるだろう。

さらに1億年前はジュラ紀の初め頃で、冠毛《かんもう》のある翼竜《よくりゅう》が上昇気流に乗って舞いあがる姿が見える。さらに1億年をさかのぼった石炭紀末期は大気中の酸素濃度が高かった時代で、森を歩けば巨大な昆虫の羽音が聞こえただろう。

4億年前のデボン紀の海には、魚が満ちていた。そしてさらにその1億年前はカンブリア紀の大爆発といわれるほどに多様化した、奇妙な生物たちの時代だった。しかし、明らかに動物の特徴のある最初期の生き物の起源を探り当てる10億年の旅は、ここまでさかのぼってもようやく半分だ。

私たちにはたくさんの祖先がいて、謎に満ちた最古の細胞までの長い時代に沿って順に並んでいる。生命誕生から20億～30億年たった頃、間違いなく顕微鏡サイズだった何かから動物があらわれた。くねくねと動きまわっていた祖先生物は、その子孫のすべてが動物となったという意味で特別な生き物だった。

　これらの祖先が襟鞭毛虫《えりべんもうちゅう》と呼ばれる微生物とよく似ていたと考える十分な証拠がある。襟鞭毛虫は、現在海水にも淡水にも生息している。精子に似ているが、尾のつけね部分を取り巻く円錐形《えんすいけい》の「襟」と呼ばれる構造があって、尾はこの部分で細胞の本体につながっている。

　尾は鞭毛と呼ばれる。襟は微絨毛《びじゅうもう》が環状に並んだもので、私たちの小腸の内側表面にある、指のような小さな突起（訳注：これも微絨毛と呼ばれる）に似ている。

「動物」の条件

　鞭毛と襟は、以下のようなしくみで連動してはたらいている。鞭毛が小刻みに動くと水が細胞の後方へと押され、細胞は前進する（潜水艦のプロペラのはたらきと同じようなものだ）。鞭毛が水を押しのけた部分に周囲から水が流れこみ、合流して後ろに航跡のような水の筋ができる。

　こうすることで、この水はふるいの役割をする襟で濾過《ろか》され、襟のねばねばした表面が細菌をつかまえる。動けなくなった細菌は細胞に取りこまれ、消化される。つまり、鞭毛をもつ襟は前に進む道具であり、餌をとる装置でもあるのだ。

襟鞭毛虫の中には、このような自由に動きまわる生き方をやめ、お互いにくっつき合って、柄《え》のような構造の上に集まるものもいる。これらの種では、鞭毛は餌を集める役割しか果たさない。

集合体をつくるタイプの襟鞭毛虫は、同じ柄にいくつかの細胞が接着するか、あるいは粘着性のある物質に埋まった細胞の塊となって周囲を泳ぎまわる、多細胞からなる構造体として生活している。

動物界（訳注：「界」は生物を「動物」「植物」「菌（カビ、キノコ）」「原生生物（ゾウリムシ、アメーバなどの単細胞生物）」「原核生物（細菌）」の5つのグループに大別した分類段階）に含まれる生物と認められるには、まず多細胞生物でなければならない。

動物学者は単細胞生物を動物とはせず、細胞が集団となって生活しているものも動物とはみなされない。たとえすべての襟鞭毛虫が柄の上に集まっていたり、粘着物の球体をなしていたりしても、この生き物は動物の仲間に入れないのだ。

多細胞であること以外にも、動物と呼ばれる条件がある。その一つが発生途中に（訳注：発生とは、ここでは受精卵からそれぞれの生物の形態がつくられるまでの過程のこと）胞胚《ほうはい》、または胚盤胞《はいばんほう》と呼ばれる時期があることだ。この時期の胚は、細胞が集まって、液体で満たされたボールのようになっている。

人間にもこの時期があり、母親の卵子の一つが受精してから5日目にあたる。ナルキッソスも、誰からも崇拝される美少年となるずっと前には胚盤胞の姿だったし、エレファント・マンとして知られるジョゼフ・メリックも、１２８個の細胞からなる傷一つない球体だった頃には、同じくらい可愛らしかったのだ。メリックについては後に触れる。

私たちはカイメンと親戚

胚盤胞は、人類の起源をたどる年代記では重要な部分だ。胚盤胞をつくっている細胞は、接着タンパク質と呼ばれる特殊な分子を使って、互いにくっつき合っている（ラグビーのスクラムのミニチュア版を思い浮かべてほしい。選手が互いの背中に回している腕のようなはたらきをしているのが、このタンパク質だ）。

襟鞭毛虫もこのようなタンパク質をつくっているが、大事なことは、それらが襟の中にあって細菌を濾《こ》し取るはたらきをしており、細胞同士をくっつけるために使ってはいないことだ。もし襟鞭毛虫が動物の祖先と関係があるなら――そして、あらゆる証拠がその通りであることを示しているのだが――これらのタンパク質は細菌を絡め取るように進化し、細胞同士をくっつけるために使われるようになったのは後になってからなのかもしれない。

進化は、錬金術を思わせるこのような出来事の連続だった。つまり、ある一つの分子や体の部分全体を少し変えることで、新しい機能に合ったものになるのだ。たとえば羽毛は、鳥類の祖先だった爬虫類《はちゅうるい》が保温のため使っていたと思われている。飛ぶことに利用されるようになったのはずっと後だ。自然界で起こったこの再設計過程と、神のような存在が意図的にデザインしたのだという考え方の違いは大きい。

雨傘をデザインするときは、いろいろな素材の強度や、防水性のある生地がどれくらい簡単に折りたたんだり開いたりできるかなどを考えるだろう。自然選択でこれと同じような課題に直面したときには、自転車ならまず車輪から始め、ハブにあるスポークの蝶番《ちょうつがい》をつくり、そしてそれら全体の周りに引き伸ばしたタイヤゴムを巻きつけるだろう。車輪の回転軸を伸ばして柄をつくり、ハンドルを取りつければできあがりだ。

これは、雨傘をつくるには下手なやり方だが、では進化はどうかと考えてみよう。ミミズのような生き物がもつ色素の染みのような単純なものから始まって（訳注：ミミズの皮膚にある光受容細胞を指す）、最後はワシの目ができるのだ。

「一番単純な動物」の候補には3つの生物が挙げられ、そのどれもが接着タンパク質でつながった細胞でできている。カイメン、クシクラゲ、そしてセンモウヒラムシと呼ばれる、アメーバを大きくしたような平たい生き物だ。

遺伝子の分析では、クシクラゲとセンモウヒラムシは進化の過程であらわれたものの、その後繁栄することはなく、系統樹に数多くの子孫を残さなかったようだ。

しかし、これらのグループを進化の「袋小路」と呼ぶべきではない。相次ぐ大絶滅で動物のグループの大部分が絶滅に追いやられたにもかかわらず、うまく生き延びたのだから、これらは成功を収めた生き物だと言えるからだ。

一方、太古のカイメンの一部、またはこの海生生物に近縁の生物は、今日まで生き延びたその他の動物の祖先だ。そう、私たちはお風呂で使うスポンジ（訳注：カイメン動物は英語で sponge という）の親戚なのだ。

多細胞生物の出現

大部分のカイメンは海にすんでいて、表面にあいた弁のある小孔から水を吸いこんで細菌などを濾し取り、管を通して体内の空洞（訳注：メソハイルとも呼ばれる体内空間）へと流し入れている。この空洞へ吸いこまれた水は、大孔と呼ばれる穴から排出される。

カリブ海に生息するジャイアントバレルスポンジの大孔は、動物の体にあいた穴としては最大級だ。空洞の内表面に並ぶ細胞は鞭毛をもつが、それは襟と呼ばれる構造の真ん中から生えている（訳注：襟細胞と呼ばれる）。

細菌はこの襟の表面で捕らえられ、細胞に取りこまれて消化される。これらの細胞と襟鞭毛虫が似ていることは、１８６０年代に発見され、生物学者たちは襟鞭毛虫をカイメンの祖先だと考えるようになった。

しかし、進化というものはそれほど単純ではない。ＤＮＡの分析から見ると、鞭毛と襟の組み合わせは、襟鞭毛虫とカイメンの共通祖先で進化し、両者がこの構造を持ち続けているようだ（同じようなことが、人間とコモドドラゴン――訳注：コモドオオトカゲともいう――の歯にも言える。どちらもエナメル質の歯をもつが、だからといって人間がコモドドラゴンから進化したというわけではない。そうではなく、人間とコモドドラゴンの共通祖先が、エナメル質で覆われた歯をもっていたのだ）。

現在の生物圏に、単細胞の微生物と多細胞生物が共存している理由はわかっていない。地球上では多くの細胞からなる動物や植物が進化したが、ずっと微生物しか生息していない、別の惑星を想像してみることはできる。

微生物しかいない時代が数十億年続いた後には、多細胞生物が必ずあらわれるものなのだろうか――この問いの答えは、宇宙の他の場所で生物を研究できるようになるまでお預けだ。

カイメンの運命

襟鞭毛虫がどのように生きているかを調べると、多細胞になることの意義のヒントがつかめるかもしれない。集団をつくる種の中には、周囲の水を抗生物質で殺菌し餌がとれない状態にすると、集団内の個々の細胞はバラバラになって離れていくものがいる。

細菌を与えると個々の細胞はすぐに集まってまた集団となる。同じことは細菌の成分を与えただけでも起こる。単独でいれば餌を探しまわるには有利だが、集団になれば、餌を濾し取るためのより強い水流を起こすことができ、水中の小さな渦《うず》をかき消して、単独でいる細胞たちを追い払ってしまうのかもしれない。

それはちょうど、多くの乗組員を乗せたトロール船を、一人が乗って釣り糸を垂れているカヌーと比べるようなもので、襟鞭毛虫の集団は単独でいる細胞より多くの獲物をとることができるのだ。多細胞化は、餌を効率的にとるための戦略として進化したのかもしれない。

カイメンには器官と呼べるようなものはなく、筋肉や神経系もないが、ただの細胞の集団よりは手の込んだつくりになっている。ほかの動物と同じように、カイメンにはそれぞれに異なるはたらきをもつ複数の種類の細胞がある。

襟細胞は、特殊化した分泌細胞がつくるゼリー状の物質に埋めこまれ、襟と鞭毛だけを外に出している。その他の種類の細胞は、そのゼリー状物質の中やカイメンの体の外表面にあり、単純な免疫システムを担う細胞、収縮して小孔の弁を開閉する細胞、生殖細胞、カイメンの骨格（訳注：骨片《こっぺん》ともいう）となる物質を分泌する細胞などがある。

カイメンの骨格は、弾性のあるタンパク質繊維からなり、棘状突起《きょくじょうとっき》や骨棘《こつきょく》はケイ素や炭酸カルシウムを含んで硬くなっている。寒冷な水系にすむカイメンであるカイロウドウケツのケイ素性の骨格は、驚くほど精緻な構造物だ。一方、鉱物成分を含まずタンパク質のみからなる骨格をもつカイメンは、数世紀もの間、浴室でスポンジとして利用されてきた。

これらの種は、地中海やカリブ海地域で利益をもたらす産業を支えていたのだ。やがて環境破壊によりカイメンは減少し、これで生計をたてていた人々の暮らしも立ち行かなくなった。

動物は菌類と近縁

複雑さという意味でカイメンと同じくらいだった動物から始まって、人間までの進化をたどると以下のようになる。

まず、口と肛門をもつ海水性のミミズのような動物、顎《あご》のない魚、そして顎をもつようになり、さらに鰭《ひれ》をもつ魚が地上に上がると、鰭が脚として使われるようになった。そして両生類、爬虫類を経てトガリネズミのような動物となり、サルからついに類人猿に至った。

深いワイン色の海を泳ぎ、一面を覆う細菌でぬめぬめと光る岩だらけの海岸を這《は》いまわり、鬱蒼《うっそう》と広がる密林を探索し、やがて肥沃《ひよく》なサバンナに出て、風にそよぐ草原でついに二本足で立ちあがり、アフリカの香《かぐわ》しい空気をいっぱいに吸いこんで、そして思いをめぐらしたのだ。

さあ、次はどこへ行こうか、と。

動物たちがたどったこの大長編物語の中で、連綿と受け継がれてきたのが私たちの遺伝子、あるいは私たちのものになったかもしれない遺伝子だ。

最も単純な種類の動物たちとその祖先の遺伝子を詳細に分析することで、私たち自身に関する重要なことがわかる。

動物の系統樹を根元までさかのぼり、一番古い祖先にたどり着くと、そこでは私たちの親戚とキノコの祖先を区別することもできなくなる。系統樹で動物と菌類の枝をたどっていくと、10億年前で一つの太い枝となる。

このことは、動物と菌類のＤＮＡを比較することで証明されている。ここ30年は、進化的な類縁関係を明らかにするには、分子系統発生学的な研究がお決まりの方法になっている。

研究方法は厳密になり、データは多くなっているので、動物と菌類の関連性の証拠はより強固になっている。つまり、庭に生えているキノコより人間のほうが上じゃないか、と頑《かたく》なに言い張っても、私たちはキノコの親戚なのだ。

私たちは植物より菌類に近縁だし、その他の主な生物グループのどれよりも、菌類と近い生き物だと言えるのだ。

鞭毛、繊毛のはたらき

細胞に鞭毛がたくさん生えているとき、生物学者はそれを「繊毛をもつ」と表現し、1本1本の鞭毛は「繊毛」と呼ばれる（訳注：数が少なく長いものは鞭毛、短いものが多数ある場合は繊毛と呼ばれることが多い。前者の例が精子、後者はゾウリムシである）。しかし、鞭毛と繊毛に構造的な違いはない。

人体にも、輸卵管の内側、脳室や脊髄《せきずい》、呼吸器系などに繊毛があり、それぞれ卵子、脳脊髄液、粘液を動かしている。鞭毛と繊毛は細胞膜が長く突き出した部分で、その中に運動を生み出すことのできる棒状のタンパク質が収められている。

その棒がピストンの上下運動のように互いに滑《すべ》りあうことで、尾の長軸に沿って波打つような動きをつくり出す。それによって細胞が液体の中を動きまわったり、細胞の周囲の液体を動かしたりすることができるので、これらは「動く繊毛」とも呼ばれるが、それに対して「一次繊毛」と呼ばれるものは、人体のほぼすべての細胞で見られる。

一次繊毛には、動く繊毛では対《つい》になって中心に位置しているタンパク質の棒がなく、精子の尾のように振り動かすことができない。これらは感覚を受け取るはたらきをしていて、細胞表面を流れる液体がつくり出す機械的な刺激に反応し、細胞は化学物質、光、温度、重力を感じ取ることができる。

鞭毛や繊毛のはたらきがうまくいかなくなると、繊毛病と総称される病気を引き起こす。精子が動かないことが原因の男性不妊は、一番わかりやすい例だが、一次繊毛で問題が起こると、その遺伝子疾患は肝臓、腎臓、目などの病気を引き起こし、複数の器官に影響があらわれる稀《まれ》な疾患にもつながる。

アルストレム症候群は小児肥満、視覚障害、聴覚の喪失、糖尿病、そして心不全を特徴とする繊毛病だ。最も珍しい遺伝性疾患の一つで、医学の文献で報告された症例も３００例に満たない。

マーデン・ウォーカー症候群はさらに珍しい病気で、脳の発達が阻害され、顎が小さくなる、指が長くなる、脊柱が曲がるなどの骨の異常が起こる。この他に、結腸、乳房、腎臓などのがんにも繊毛が関わっていることがわかっている。

これらの悲劇的な病気は、繊毛が正常にはたらかないために、さまざまな刺激に適切に反応できなくなったり、細胞間の情報交換がうまくいかなくなったり、あるいは細胞分裂が誤った方向に起こることが原因である。

人類を生んだ「繊毛」

繊毛の大事な役割の一つに、細胞に方向を教えるということがある。一つの細胞だけを考えれば、位置を決めることがさほど重要とは思えないのだが、胚で体の部分がつくられていくときに、左右や上下の位置取りをきちんとしなければならないことを考えれば、方向を間違えるとたいへんなことになるのは明らかだ。

初期の胚には、特別な種類の運動性のある繊毛が並んだ、ノードと呼ばれる組織ができる。これらの繊毛が動くことで、シグナル分子を含む液体が一定方向へ流れる。そうすると、これらの分子の濃度のグラデーションができ、それによってそれぞれの場所にある細胞の遺伝子発現パターンが決まるので、頭尾方向に沿った、非対称な左右の構造ができあがるのだ。

そうして私たちの臓器は、心房正位、つまり心臓は左側にあり、肝臓は右側にあるといった、正しい位置取りになるのである。

左右の非対称構造がうまくできないケースは心房不正位と呼ばれ、心臓や、その他の多くの臓器のはたらきに影響が生じる可能性がある。

興味深いことに、あらゆる内臓の位置や構造が左右逆になっている内臓逆位は、発生の過程で奇妙な出来事が起こった結果ではあるのだが、そういった人々の大部分は正常な生活を送っている。

エレファント・マンとして知られるジョゼフ・メリックは、きわめて稀な遺伝的異常であるプロテウス症候群に罹《かか》っていたと思われる。細胞分裂とプログラム細胞死（訳注：生物体の生命維持の利益となるよう調整された細胞死。発生の過程では、不要な細胞の細胞死が起こり正常な形態や機能が形成される。たとえば人間の手ができるときには、指の間の部分がプログラム細胞死により消失する）にかかわる、一つの遺伝子の変異が原因だ。

この遺伝子の異常は、胎児の発達の過程で、たった一つの細胞で起こった。この変異細胞が分裂してできたすべての細胞が影響を受け、それ以外の細胞は正常となる。その結果、一人の人間の体に、機能が異常な細胞と正常な細胞が混ざる、モザイクと呼ばれる状態になる。

この章でメリックに触れたのは、プロテウス症候群も繊毛の異常の一つである可能性があるからだ。メリックは、自分の姿についてこんな一節を書き残している。

私の姿は本当に奇妙です。
でも、自分を責めることは神を責めることになります。
もし自分を新しくつくり直すことができるのなら
あなたを喜ばせるような姿にするでしょう。
たとえ私が、南極から北極に届くほどの巨人で、
大洋を手づかみにできたとしても、
私は私の魂で測られるでしょう。
心こそ、その人そのものなのです。

人間が栄えるはるか前、先カンブリア時代の海を泳いでいた一つの細胞のおかげで、私たちはここにいる。後に私たちに受け継がれることになる遺伝子をもっていたからだ。微生物が残してくれた、この遠い昔の遺産が、人類誕生の大長編物語の最初の一行だ。それは、精子が卵子を求めて泳ぐとき、そしてその後も、はっきりした尾はもたない細胞

たちがあらゆる組織でそれぞれの役割を果たすときに繰り返される。

見た目に奇妙なところがあるか、とか、人を喜ばせるかどうかは、元をたどれば私たちの細胞が鞭毛や繊毛をもっていたことに行き着くのだ。

第3章 人体

私たちの体はこうしてはたらいている

人間は何でも食べる生き物

太古の海にすみ、人類の起源となったカイメンから時代を一気に進めて、現代の人体の機能と、この素晴らしい装置がどう歩き、走り、座り、そして眠るのかを見てみよう。

ケニアのエリウド・キプチョゲが２０１８年に出したマラソンの世界記録、2時間1分39秒は、紛れもなく人類が到達した運動競技における大記録の一つだ。１９０８年のマラソン最速記録はおよそ3時間で、今のランナーなら途中でお茶を飲み、今日の天気は、などとおしゃべりをしても楽に達成できるタイムだ。

古代ギリシャの作家ルキアノスによれば、紀元前４９０年の最初のマラソンランナー、ピリッピデスは、走り終えた後倒れ、亡くなったという。

アテネ軍の勝利を知らせるため、戦地マラトンからの40キロメートルを大急ぎで走った前日にも、おそらく合計２４０キロメートルほどの距離を走っていたと思われることから、このギリシャ軍の伝令兵士が命を落としたのも無理はない。

長距離を走ろうがソファで居眠りをしていようが、何をしているときでも体には生きるためのエネルギーが必要で、それはすべて同じ化学的な規則に従ったはたらきだ。

私たちに食糧をもたらしてくれるのは元をたどれば太陽の核融合だが、その工程がジャガイモ──→人間と短いこともあれば、草──→ローストビーフ──→人間、とやや長い場合、あるいはさらに長く藻類──→動物プランクトンなど──→小型の魚──→大型の魚──→人間、という場合もある。

発酵食品や発酵飲料を考えると、カロリー、つまりエネルギーの流れはもっと複雑になるが、それは酵母菌が重要な仲介者となって、ブドウ＋菌（訳注：菌には酵母などが含まれる。ここではブドウを酵母菌で発酵させたワインのこと）──→人間、となるからだ。

人間が食べる物をこのように図式化してみると、その他の微生物が行っている次のステップ、つまり人間からエネルギーを得ていることも考えやすくなる。たとえば人間──→炭疽菌《たんそきん》（訳注：皮膚や肺、稀《まれ》に腸に致死率の高い感染症を引き起こす細菌。病変部が黒く変色することからこう呼ばれる）だ。感染症の病原体は、人間が食物連鎖の頂点に立っていることなど意に介さない。

人間の遺伝学的、解剖学的、生理学的な特徴に基づくと、人間は雑食性であることがわかる。

私たちは何でも食べる生き物で、シロナガスクジラがオキアミ、コアラがユーカリの葉しか食べないのとは対照的だ。

ジャガイモだけでも生きられる？

人間は、いろいろなものから栄養を摂《と》れることで、食べられる物の範囲を格段に広げた。しかし、肉好きでも野菜好きでも、あるいはヴィーガン（訳注：動物由来の食品をまったく摂らないこと。ベジタリアンと異なり、卵や乳製品、ハチミツなども食べない）か、それとも冷凍ピザや、アルミコーティングされたプラスチックの袋に入ったオレンジ色のスナック菓子を食べるとしても、そこからエネルギーを取り出す化学反応は同じだ。

ジャガイモを考えてみよう。ジャガイモからエネルギーを取り出すことは、畑で太陽の光と水、二酸化炭素からジャガイモをつくっている植物のいとなみと同じくらい複雑で、まるで錬金術だ。

ジャガイモは、私たちが生きていくために必要な栄養素のほとんどを含むので、栄養を摂るにはよい食材だ（ジャガイモばかり食べていればいいということではないが、ジャガイモだけでも何とか生きていける。アイルランドの農民は長年そうするしかなかったが、１８４０年代に疫病でジャガイモが枯れてしまうと、それさえもできなくなった）。

ジャガイモはいわば冬眠するための装置で、野生のジャガイモでは秋に葉が枯れ、冬の間は土の中で休眠して、春に再び芽を出す。塊茎《かいけい》（訳注：植物の地下茎が膨《ふく》らんで栄養を蓄えたもの）には炭水化物がバランスよく含まれ、その大部分はデンプン粒だが、タンパク質やビタミンC、ビタミンB６も含まれ、さらにカリウムが豊富だ。脂肪は含まれないので、バターやサワークリームを添えて食べるのがおすすめだ。

栄養学的な研究では、ジャガイモだけを食べるとしても、マッシュポテトは人間にとって最も栄養価の高い食べ物の一つだ。

小腸の消化力

私たちは、マッシュポテトのエネルギーを消化器官系から取りこんでいる。始まりは口の中で、唾液にはアミラーゼと呼ばれる酵素がたくさん含まれていて、これがジャガイモのデンプンを糖に分解する。

酵素はタンパク質の分子からなり、自然に任せていれば数年、場合によっては数百万年もかかる化学反応を一気に進めてくれる。その他の複雑な炭水化物は、私たちがつくる酵素ではできない部分を補ってくれる微生物の助けを借りて、腸内で消化される。

腸内細菌は、特にジャガイモに含まれるより大きな成分（訳注：ヘミセルロース、ペクチンなどで、人間の消化酵素では分解されない）を切断するのが得意だ。こうして生み出された糖は、小腸壁に張りめぐらされた血管床《けっかんしょう》（訳注：毛細血管などの微小な血管とその周囲の組織からなる部分）へと吸収され、細胞の燃料となる。

口から肛門までの長さは平均9メートルで、その3分の2が小腸だ。小腸は折りたたまれ、内側の表面は、絨毛《じゅうもう》と呼ばれるとても小さな突起で覆《おお》われている。腸壁の内側に敷き詰められた絨毛は、腸が収縮したり、分解されなかった食物片が通り過ぎていくとゆらゆら動き、その様子はサンゴ礁で揺れるイソギンチャクの触手のようだ。

長さ数ミリメートルの絨毛の表面には、微絨毛と呼ばれるさらに細かい突起がある。健康な腸では、折りたたまれた腸と絨毛、微絨毛をすべて広げると、腸がただの筒型である場合と比べて、内表面の面積が１２０倍にもなる。

スカンジナビアの研究者によれば、消化を行う部分の面積はおよそ30平方メートルで、広めのワンルームマンションの床面積と同じくらいになる。

高校時代、人間の消化についての授業の後、友人の一人がこんなことを言った。「考えてみろよ。腸が、本当は体の中にいる巨大ミミズだったらどうする？」。抜群の発想力の持ち主とは言い難い友人で、私は答えに困った。

ミミズはさて置き、食物から取り出される栄養素のほとんどは、絨毛の中をぐるぐるとめぐっている毛細血管に入り、運び出されていく。腸の毛細血管は、全身に行き渡っている非常に小さな血管からなる広大な血管床の一部だ。

人体にある40兆個もの細胞のすべてが、近くを通るこれらの血管からエネルギーや水、酸素を、いつでも簡単に手に入れることができる。毛細血管床は、酸素の豊富な血液を心臓から運び出す動脈や、酸素が少なくなった血液を心臓へ戻す静脈につながっている。心臓は、毎日10万回も拍動することで、動脈、静脈、毛細血管を合わせると長さ10万キロメートルにもなる血管に血液を行き渡らせている。

毛細血管は、カエルの肺を顕微鏡で観察していたイタリアの解剖学者マルチェロ・マルピーギによって、１６６１年に発見された。マルピーギは、カエルで研究を始める前にはヒツジで実験をしていた。心臓が拍動し続けている動物では、あまりにも微細な血管を観察できないとわかり、肺を引き出して、乾いて平らになりかけたところで観察し、成功を収めたのだった。

生体解剖の歴史を見れば、この程度は子どもの遊びのようなものだ。さらに残忍だったのがイギリスの医師ウィリアム・ハーベイで、イヌやシカを台に縛りつけ、生きたまま頸《くび》や胸を切り開いて観察した。

ミトコンドリアの存在

マッシュポテトを一人前食べると、ジャガイモのデンプンを分解して得られたブドウ糖は血流に乗って全身へと流れる。全身の細胞たちは栄養分を求めていて、近くの毛細血管からこれらの糖を吸収する。食品に含まれる栄養素からエネルギーを得るには酸素が必要だが、これは肺にある肺胞から血管中へ取りこまれる（肺胞もマルピーギが発見した）。

糖の分子が細胞に入ると、より小さい分子へと分解され、それらの分子を構成する原子から抜き取られた電子を利用してエネルギーが生み出される。糖の代謝は、それぞれが決まった酵素でコントロールされる、いくつもの過程が連続することで行われる。

多くの酵素は、細胞内にある膜で区切られた構造物である、ミトコンドリアの中に並んでいる。細胞の模式図を見たことがあれば、錠剤のような形をしていて、内側の膜にしわが寄ったミトコンドリアの姿が描かれていただろう。私たちが摂る食材のエネルギーのほとんどは、ミトコンドリア内で行われる酸化の過程によって生み出されている。

生きるとはゆっくり燃えること

生きるとは、ゆっくりと燃えることだ。これは単に詩的なたとえではない。体は焚き火と同じく酸素を消費し、燃えた後に残るのは水と、呼気に含まれる二酸化炭素だけだ。違いは、燃焼によってエネルギーを取り出すやり方にある。薪が燃えるとき、電子はパチパチと爆《は》ぜる木材に含まれる分子から剝《は》ぎ取られていて、揺らめく炎とともに水蒸気と二酸化炭素が空気中へと出ていく。

木材が含んでいるエネルギーのほとんどは、赤外線または熱という形で放出され、可視光として目に見える炎は、放出されるエネルギーの副産物だ。酸素が果たしている役割は、焚き火でも細胞内でも同じだ。つまり、酸化される物質から電子を取り出すことだ。

細胞内で行われる糖の酸化は制御された過程で、無秩序に起こる激しい燃焼とは対照的だ。これは、生命体の内部では糖の分解が段階的に起こっていて、それぞれの反応系が細胞内の別々の区域に分かれて行われていることが主な理由だ。

厳密にコントロールされたこのシステムによって、細胞はバッテリーに似たはたらきをする化学物質の形で、多くのエネルギーを手に入れることができる。しかし、小さなミトコンドリアは50℃に加熱されると、糖を使い果たしてエネルギーを失ってしまう。

糖の細胞内への取りこみは巧妙な方法で行われている。細胞は疎水性の脂質膜に包まれているので、細胞内部は周囲と隔《へだ》てられている。脂質は油脂のような性質をもつ分子で、水には溶けないためだ。

肝臓の細胞は別の肝細胞に囲まれているし、血液の細胞は血液の液体成分である血漿《けっしょう》に囲まれている。

アメーバのような単細胞生物の周囲は、池の水だ。化学物質は細胞に出たり入ったりするが、糖などの水溶性物質は、細胞膜を自由に透過することができない。池の水に含まれる化学物質の分子は水中を拡散していくが、自由に細胞に出入りすることはできない。そのおかげで、アメーバは形を変えながらも、その形をきちんと保つことができるのだ。

アメーバは、物質が自由に動きまわる池の水に囲まれて浮かぶ島のようなもので、そこだけは物質が周囲とは違う濃度に維持されている。

生命は細胞がもつ電池の力で成り立っている

細胞はとても小さな家にも似ていて、細胞内では、それぞれの生命活動を行う区域が壁で仕切られて存在し、ドアや窓がそれらの区域への物質の出入りを制御している。

細胞膜には水溶性の物質を通す門や通路としてはたらくタンパク質があり、細胞内の成分はこれらによって調節されている。単一の原子だけでなくより大きな分子も、これらのタンパク質を通って細胞に出入りする。

ブドウ糖を取りこむ細胞膜のタンパク質は、形を変えてブドウ糖分子がちょうど入る大きさの入り口をつくる。その他に、ナトリウムイオン（Na^+）やカリウムイオン（K^+）を、膜を通って出入りさせることで、膜を挟んだ電位差をつくる輸送タンパク質もある。

電池が電圧をもつことはよく知られているが、それは電荷（訳注：粒子や物体が帯びている電気の量）をもつ電子やイオンが、種類の異なる金属の間を流れるからだ。これは、銅と亜鉛のワイヤをジャガイモに差しこむと、生じる電流でデジタル時計が動かせることからもわかる。

細胞にも同じ原理をあてはめることができ、とても小さな電池のようにはたらいているのだ。膜を挟んでつくられる電圧（電位差）は、ブドウ糖などの物質を細胞に取りこむ原動力にもなるので、生命には不可欠だ。

ミトコンドリアは、細胞内で電池のような役割もしていて、しわのある内膜を挟んででき る電位差を、化学反応を起こすために必要なエネルギーに変換している。葉緑体も電池のようなものだが、こちらは太陽光で電位差をつくるので、いわばソーラーパネルだ。生命とは、細胞がもつ電池の力で成り立っているのだ。

神経細胞はニューロンとも呼ばれ、細胞膜にあるタンパク質を介したナトリウムイオンとカリウムイオンの動きによって、細胞膜を挟んだ電位差がつくられている。タンパク質からなる通路はチャネルと呼ばれ、ニューロンの突起に沿って配置されていて、開閉することで膜電位を変化させている。

この電気的なインパルスは神経線維を流れ、末端まで到達すると、シナプスと呼ばれる接合部分を介して次の細胞に伝えられる。それぞれのニューロンは、シナプスでたくさんの細胞とつながっていて、神経系のネットワークが構成されている。

これは、まっすぐなパイプラインが束になったようなものではなく、幾重にも重なった迷路と言うほうがふさわしい。

神経系の得意分野

新皮質は、哺乳類の脳の最外層の部分で、おなじみの「脳のしわ」になっている部分だ。人間の脳には160億個のニューロンがあり、100兆ものシナプスをつくっている。

この神経回路のおかげで、私たちは笑ったり泣いたり、恋に落ちたり絶望したり、叙事詩を書いたり、ツイッターにつまらない投稿をしたりできるのだ。それは芸術作品の傑作や科学的な大発見の源であり、同時に人間という種の甚《はなは》だしいナルシシズムも生み出す。つけ加えておくと、マッコウクジラの脳は人間の6倍もあり、ヒレナガゴンドウの脳の新皮質にあるニューロンの数はあなたの脳の2倍だ。暗い海の中で、クジラはどんな愛と絶望の歌を歌うのだろうか。

新皮質があること自体が賢さのしるしにはならない。進化の過程で新しくつくり出された新皮質をもたない動物、たとえばヨウム（訳注：大型インコ）やタコは、あらゆるパターンの複雑な問題を解くことができる。

ある動物心理学者によれば、アレックスと名づけられた有名なオウムは、１００個以上の単語を理解し、物体の大きさや色を認識し、簡単な計算もできたという。

飼育されているタコが見せる退屈そうな様子は知能のしるしで、水族館の飼育係にふざけて墨を吐きかけるタコがいれば、ヤドカリでジャグリングをして暇つぶしをするタコの話もある。手の込んだ脱出計画を実行したつわものさえいるのだ。

神経系が得意とすることの一つが運動で、私たちの運動は意識的であれ無意識であれ、神経系によって調整されている。これは、農業が始まる以前、つまり人間が野生動物を捕まえなければならなかった時代には、特に重要だった。

その頃の人間たちは、レイヨウ（訳注：シカに似たウシ科の哺乳動物）などの肉のたっぷりついた動物を追いかけまわして捕まえていたと考えている人類学者もいる。猛ダッシュで追いつくのではなく、相手が疲れるまで追い続けるのだ。

このような狩りは持久狩猟と呼ばれる。オオカミやリカオン（訳注：イヌ科の肉食獣）、ハイエナも同じような狩りをする。人間はこのような狩りに優《すぐ》れていたと思われる。暑い日中でも、発汗で体温を調節し、飲まず食わずでも走り続けられるので、獲物の動物が先に疲れ果ててしまうのだ。初期の人類は武器も使い、おそらく落とし穴の仕掛けで獲物を捕まえたりもしていただろう。

脳の発達を促した要因

人類学の別の学派では、人類の進化で腐肉食（訳注：動物の死体を食物とすること）が重要だったと主張している。つまり、私たちの祖先は、人間より狩りの得意な動物たちが獲物を仕留めて食べた残り物を手に入れていたというのだ。剣歯虎《けんしこ》やライオンのような肉食動物にとっては、人間も餌だったことを思えば、人間たちはネコ科の大型動物の後を、距離を取りながら追いかけ、これらの動物が食べ残した部分を残さず平らげていたのかもしれない。

このような説は、人間を優れた狩人と見る説とは相いれないが、ライオンが大型草食動物を捕らえ、引き裂いて血に濡れた新鮮な肉を堪能した後、人類は残りの筋張った部分を引っ張り出して食べていたことは、かなりありそうだ。

大事なのは、ライオンが去った後すぐに駆けつけることだ。細菌が繁殖すると有毒な物質が発生するので、腐敗した死体は食べようとしなかっただろう。

アリゲーターやハゲワシはもっぱら腐肉を食べるが、強力な胃液とさまざまな腸内微生物の作用で、腐敗した肉を食べても中毒や感染症にならずにすむ。人類は、危険を避けるためにもっとありふれたやり方を進化させたが、そのおかげで私たちは今でも、腐敗した肉の臭いにこれほど敏感なのだ。

タンパク質の消化は、強い酸性の胃液で始まり、続いて小腸で行われる。酵素によってタンパク質はアミノ酸へと分解され、アミノ酸は肝臓で処理された後、ミトコンドリアで糖と同じように酸化される。

脂肪は小腸で消化され、脂肪酸となって、これもミトコンドリアで燃やされる。しかし、デンプンを分解して得られる糖が、人体にとっては理想的な燃料だ。一粒一粒の真珠が糖の一種であるブドウ糖だとすれば、デンプンは真珠のネックレスのようなもので、酵素であるアミラーゼはネックレスの真珠を外していくように、デンプンをブドウ糖に分解する。

そして私たちは、このアミラーゼの遺伝子のコピーをいくつももっているのだ。そのおかげで、私たちの唾液には、アミラーゼ遺伝子のコピーを１つか２つしかもたない他の類人猿よりも多くのアミラーゼが含まれている。

イモを料理すると、熱によってデンプンの粒子の構造が変わり、アミラーゼによる糖への分解が行われやすくなる。このように、遺伝子のコピー数の変化と火を使うという技術によって、人類は大きな脳を発達させるために必要なエネルギーを手に入れたのだ。人類は肉食をやめたわけではないが、デンプン質に富む野菜を調理して食べるようになったことが、脳の発達を促した最も重要な要因だったと考える人類学者もいる。

人体に必要なエネルギー

脳は、電力で言えば20ワットを消費するが、これは昔の100ワット電球のタングステンフィラメントと同じくらいの光を発する、小さめの蛍光灯と同じだ。安静にした状態で、体の他の部分が80ワットを消費することを思えば、脳は大きさの割に消費するエネルギーは大きい。このエネルギーの大部分は熱として放出されるので、人がたくさんいる部屋がむっとして不快な理由の一つになる。

必要な活力を得るには、一日に少なくとも2000キロカロリーを食物から摂取しなければならないが、これは大きなジャガイモ7個（2・6キログラム）またはステーキ（1キログラム）に相当する。

人間も他の霊長類と同じように、同じ大きさでより効率の悪い哺乳類と比べると、半分以下のエネルギーで生きていける。ティツィアーノやフランシス・ベーコンが、電球1個を灯《とも》すにも足りないほどのエネルギーで傑作を残したと思えば、人類文明が生み出した成果に対する称賛には、確固たる科学的根拠があることになる。

しかし、21世紀のビジネス社会で、人体が必要とする以上にどれほどのエネルギーを消費しているかを考えると、その自慢もかなり怪しくなりそうだ。平均的なアメリカ人は、毎年1万２０００キロワット時の電力を使用していて、このために毎年16トンの二酸化炭素が大気中に放出されている。１人当たりのこのエネルギー消費は、イギリス人２・５人分、モーリタニア人50人分、そして中央アフリカ共和国の人なら３４０人分にも相当する。

免疫システムの奇跡

脳やその他の部分に燃料を供給すること以外に、有害な微生物を寄せつけないようにするためにも、代謝で得たエネルギーの多くが費やされている。子宮から墓場までの全人生で、私たちの命を危険にさらそうとする微生物に遭遇する。

「自然は真空を嫌う（*horror vacui*）（訳注：古代ギリシャの哲学者アリストテレスの格言）と言われる通り、より大きな生き物の体に、それぞれにうまく適合した微生物が大量に寄生することは、厄介《やっかい》だが避けられない。

感染症で脳損傷を被《こうむ》った患者に、実際に何らかの変調が起こったとしても、それは別に悪意があってのことではない。私たちと同じように、細菌や、それより数の多い感染性の粒子であるウイルスも、遺伝子を代々伝えているのだ。

もしそうしなかったら、細菌やウイルスは今頃存在していなかったはずで、このことは自然選択の最も単純な例だ。

うまくはたらいた遺伝子、その遺伝子をもった細胞、そしてその細胞からできていた体が、生き延びることができたのだ（進化論で使う「適切な」という表現は、ここでは「うまくはたらく」と言い換えることができるが、それは、必要なのは、生き残るために行う何事かにとって「適切である」ことだけだからだ）。

人間が、目に見えない怪物を過剰なほど恐れるのは、免疫システムによって引き起こされる奇跡だ（ここでの奇跡とは、魔術のなせる業《わざ》ということではなく、驚くほどうまくできているという意味だ）。

私たちの体の組織は、白血球などの免疫系の細胞によって監視されていて、これらの細胞は細菌の気配を探しまわり、細胞の表面でそれらを感知して細胞内へとのみ込んで破壊してしまう。免疫系の細胞の中には、好ましくない微生物を特定し、これらを殺すはたらきをもつ他の細胞に信号を送るものもある。

がんは他の細胞との協調を忘れて、周囲の正常な組織を犠牲にしながら増殖していくものので、自分の細胞が最悪の敵になるかもしれないという例である。体の組織を新しくつくり変えるためのＤＮＡの複製時にはミスが起こりがちで、その結果がんができることがある。免疫系の一部を欠く突然変異マウスを使った実験から見ると、がん細胞は毎日発生しているようだ。

がんはどんな生物体にもあり、自分勝手にふるまうこれらの細胞は、免疫系によって日々排除されているのだ。

体内で交わされている騒々しい会話

人体では、人間の細胞どうし、体内の細菌叢《そう》に含まれる細菌どうし、そしてこれらの細菌と私たちの細胞の間で、化学物質のやり取りによる騒々しい会話が交わされている。

そのことを思うと、人間そのものが活気に満ちた動く生態系で、表面や内部にさまざまな細菌たちを住まわせている類人猿であり、そこは鮮やかな色彩こそないものの、紛れもなくサンゴ礁と同じくらいの多様性に満ちた世界なのだと気づく。

昔は皮膚のノミや腸内の寄生虫など、もっと多くの動物が寄生していたが、絶え間ないムズムズ感に耐えながら暮らすことを思えば、結局のところこれらがいなくなったのはいいことだ。

一人の人間に3万匹ものシラミが寄生していることもあった。12世紀の記録では、暗殺されたカンタベリー大司教トマス・ベケットの遺体を冷やすため衣服を脱がせたところ、シラミが「沸騰した大窯《おおがま》から湧き出す湯のよう」に這《は》い出してきて、「見ていた者たちは泣き出すやら大笑いするやら」であったという。

さて、人体という装置の完全な理解を踏まえると、人間とは結局どういうものだと言えるのだろうか。

Homo 属で知恵もある（*sapient*）にはあるが、無機物の骨格に支えられ、タンパク質でできた筋肉でつながれ、やわらかい脂肪のおかげで丸みをおび、体内を電流が流れ、胸に空気を吸いこんで酸素を取り入れ、入り組んだ管によって栄養を得たり不要物を捨てたりし、さらにその他の臓器を備え、弾力のある皮膚で覆われているもの、というところだろうか。

「人間とは何という造化の傑作か……生きとし生けるものの典型」とは、ハムレットの台詞だ（シェイクスピア『ハムレット』第２幕第２場　野島秀勝訳、岩波書店）。

第4章 遺伝子

私たちはこうしてプログラムされている

時を超えて流れるＤＮＡ

遺伝子には生物体をどう組み立てるかの指示が書かれていて、その遺伝子のコピーをもつ生物体によって次世代へと受け継がれていく。

私たちは家系図のどこかに位置している、遺伝子の一時的な乗り物だ。家系図は支流に分かれてデルタ地帯を流れている川にもたとえられ、ＤＮＡはそこを祖先から子孫に向かって流れてきた。

精子が卵子と受精するとき、家系という川は合流し、デルタを先へと広げていけるようになるのだ。子孫を残さなければ、ＤＮＡはその水路で行き止まりになり、やがて泥の中へ消えていく。

宗教を信仰する人々は、人生には単なる遺伝学的な存在であることを超越する目的が与えられているのだと信じている。このような来世へのあこがれをもたない人々は、ＤＮＡが時を超えて流れていくという詩的なたとえで我慢するしかない。

どちらの見方も必ずしも納得できるものではないが、『コヘレトの言葉』（訳注：旧約聖書の諸書の一つ。『伝道の書』ともいう）にもある通り「日はまた昇る」のだし、ネコは外へ出たいと鳴くものと決まっていて、明日の運命が今日決まることなどないのだ。

人間の遺伝子は、細胞内の核と呼ばれる区画に収められた、23対の染色体の上に並んでいて、さらに1個1個のミトコンドリアの中の小さな染色体にもまた別のＤＮＡがある。

ゲノムとは、染色体の完全な一揃いのことだ。染色体には、対になったヌクレオチド鎖からなるＤＮＡが含まれる。２本のヌクレオチド鎖がつくるＤＮＡの構造は縄梯子《なわばしご》に似ていて、これがねじれて、かの有名な二重らせん構造をつくっている。

ＤＮＡは、ヒストンと呼ばれる特殊なタンパク質に巻きつき、さらにコンパクトにまとまって核内に収まっている。もし、人間の一番長い染色体をほどいて引き伸ばすと、らせん状のＤＮＡの長さは８・５センチになり、人間の普通の細胞に含まれる46本の染色体を合計すると、長さは2メートルもある。

核の直径は数μｍ（訳注：μｍはマイクロメートル。１μｍは1メートルの１００万分の1）しかないが、ＤＮＡの鎖はとても細く、きっちりと巻かれて詰めこまれているのだ。鉛筆ほどの太さのＤＮＡモデルで人間のゲノムをつくるとすれば、長さが８０００キロにもなるのだから、どれほどうまく詰めこまれているかがわかるだろう。

すべてはゲノムにある

ゲノムには、その生物体をつくるために必要なすべての情報が含まれているが、細胞の中でしかはたらかない。ゲノムは、細胞を一からつくることはできず、まして多細胞の生物体をつくるわけではない。細胞とそれがもつゲノムは、互いに依存しながら存在していて、これは生命にとってとても重要なことだ。

遺伝子というものがあると考えられるようになるずっと前、17世紀の博物学者たちは *omne vivum ex ovo*、つまり「すべての生命は卵からできる」と考えていた。それから2世紀が経ち、卵に関するこの金言は、*omnis cellula e cellula*「すべての細胞は細胞から生じる」という細胞説に取って代わられた。

少なくとも一つの細胞は、この規則にあてはまらない。

地球の歴史で最初の細胞には親となる細胞はおらず、生物学的にではなく化学的に生じたのだ。この画期的な出来事以来、遺伝子は細胞から細胞へ、ある生物の一つの世代から次の世代へと、数十億年にわたって受け継がれてきた。

微生物から多細胞の動物、植物、海藻、そして菌類たちが生命の樹を彩ってきたが、その家系図の中でDNAは途切れることなく保たれてきたのだ。最小の生き物から最大の生き物まで、つまりマイコプラズマと呼ばれる微生物からシロナガスクジラやキノコの巨大コロニーまで、生物はすべて自らのゲノムによってプログラムされた存在だ。

クジラとセンチュウ、センチュウとその他の生き物の違いは、それらのゲノムにある。

動物の形をつくり、はたらかせるための情報源は、ゲノム以外にはないのだ。

生物学的な営《いとな》みは信じがたいほど複雑なので、生命は奇跡だと言いたくなるが、私たち自身について理解したいなら、そんな考えは忘れるべきだ。

生まれたばかりの赤ん坊を見れば感動するとはいっても、その子の家族以外にとって、それは特別な出来事ではない。最新のスマートフォンや旅客機は素晴らしいが、どういうしくみになっているのかを私たちはほとんど知らない。ただ、工場の生産ラインで、熟練した作業員やエンジニアによって組み立てられていることは確かだ。

同じ論法を赤ちゃんにあてはめるには本能的な抵抗があるものの、赤ちゃんの体は母親の胎内で受精卵からできることは確かだ。

酵素のはたらき

赤ちゃんの体は、自分がもつゲノムの指令に従ってつくられていき、母親のゲノム中の遺伝子がはたらくことで、子宮内膜が胎児の組織と組み合わされて胎盤となり、胎児に栄養を送ることでこれを助けている。

スマートフォンや飛行機を組み立てるためのマニュアルの書かれ方は、生物体をつくるマニュアルとは違っている。世界一たくさん売れている小型飛行機であるセスナ１７２の組み立ての最終工程はプロペラの取りつけで、マニュアルには「プロペラ用の取りつけボルトを締め」て「ステンレス鋼製の安全ワイヤを取りつける」とある。

ここでは、エンジニアは何をすべきかを指示され、指示はそのエンジニアがどの道具を使うかがわかっているという前提で書かれている。もしセスナ172が生物学的につくられるなら、DNAはこれよりはるかにたくさんの指示を出さなければならないだろう。セスナのDNAは飛行機のすべての部品のつくり方を詳しく説明し、さらにそれらがすべて正しい位置に取りつけられたことを確認しなければならない。

私たちのゲノムは、数万種類もの異なる分子のつくり方を説明し、それらがどこで、どんなはたらきをすべきかを指示している。もしも、これらの分子を組み立て、作動させるまでの手順を、一つ一つ細胞に指示しなければならないとしたら、数百万個の遺伝子が必要になるだろう。しかし、ゲノムではこの作業は合理化されていて、およそ2万個の遺伝子で事足りている。

DNAがとても多くの情報を蓄えることができるのは、指示されなくても自律的にはたらくことのできる非常に高度なロボットの設計図が描かれているからだ。そのロボットとは、酵素だ。

酵素は化学反応を速やかに進めるはたらきがあり、またそれぞれに定められたはたらきをするが、それを可能にするのは酵素の立体構造だ。

セスナのたとえに戻ると、もし工具が酵素のようにはたらくとすれば、自分から正しい位置に移動し、プロペラをボルトで取りつけるということになる。そうなると、マニュアルには「プロペラを取りつけ、ボルトを締める」ではなく「自動工具○○をつくる」と書かれることになるだろう。

遺伝子の変化と進化の本質

酵素がこれほどうまく仕事をするのは、生命の歴史を通じて常に試されてきたからだ。最初につくられた酵素は、すべての生物にあって、糖を分解してエネルギーを取り出すことなど、生きるために必須な役割を果たすものだった。

これらの酵素は、小さな修正を加えてはその良しあしを評価される、ということを数十億年もの間続けてきた。もしある生物である酵素の改変バージョンができ、それが失敗作だったら、その生物は生き延びて子孫を残すことができず、その酵素をつくる指示——すなわち遺伝子——も次の世代に伝えられなかった。

その遺伝子は、失敗に終わった試みとともに消え去ったのだ。一方、もとの酵素より修正版のほうがうまくはたらき、それをもった生き物が子孫を残せる可能性を高めることに貢献できたなら、それは繁栄するだろうし、数世代のうちにオリジナル版に取って代わることさえあるかもしれない。

このように、遺伝子にわずかな変化が起き、そのうちうまくいったものが生き残るというしくみこそ、進化の本質なのだ。

酵素はタンパク質からできていて、タンパク質とは、アミノ酸が数珠《じゅず》つなぎになった物質だ。タンパク質を構成するアミノ酸は20種類あり、ＤＮＡはアミノ酸がつながる順番を指定している。

遺伝子は有名なＤＮＡ暗号の文字、つまりA、T、G、Cで書かれているが、ＤＮＡ分子を梯子《はしご》にたとえるなら、これらは横桟《よこざん》にあたる。アミノ酸はこれらの文字を３つ並べた暗号で示され、たとえばＡＡＧという暗号はリシン（訳注：リジンともいう）、ＧＣＡはアラニンと呼ばれるアミノ酸を示す。つまり、もしＤＮＡがＡＡＧＧＣＡＡＡＧとつながっていれば、アミノ酸がリシン――アラニン――リシンと続くことを表している。

人間がもつタンパク質は、平均４００個以上のアミノ酸がつながってできている。ＤＮＡの文字の配列が酵素の構造を決めていることがわかれば、これらの配列の変化、つまり突然変異が、酵素のはたらきに影響を及ぼす理由も納得できる。

進化は整理整頓には無頓着

酵素の一覧に加えて、細胞を内側から支える枠組みとなっているタンパク質や、細胞外からやってくる化学物質を受け取って、そのメッセージを細胞内へ伝える受容体（訳注：レセプターともいう）、そして遺伝子の発現（訳注：遺伝子に基づいてタンパク質などがつくられること）を調節するさまざまなタンパク質のつくり方も、ＤＮＡの塩基配列（訳注：前述のA、T、G、Cの配列）に記されている。

細胞はタンパク質のおかげで生きていられるのだが、細胞には他にも膜構造をつくる脂質分子や、糖がつながった多糖類と呼ばれる成分、さらにＤＮＡやその他の核酸が含まれている。

タンパク質以外の成分もゲノムに書きこまれていなければならないはずだが、そうではなく、これらの物質のつくり方は、これらをつくる酵素が一つ一つ示されていることで、間接的に記されている。コレステロールは、別々の遺伝子に書きこまれた複数の酵素のはたらきによって組み立てられている、脂肪の一つだ。

人間のゲノムは、30億個の文字で書かれているが、その中身はとてもごちゃごちゃしている。人間の2万個の遺伝子は、この文字列の中のわずか2％を占めるだけだ。1本の染色体に十分収まり、さらにスペースが余るくらいの少なさだが、進化は整理整頓には無頓着なのだ。

人間のゲノムは、祖先生物がもっていた初期のゲノムから始まって、だんだんとできあがったものなので、遺伝の道筋を人間から魚、さらに細菌へとさかのぼる歴史の中では、完全無欠な遺伝子も壊れた遺伝子も伝わってきたのだ。今の人間が使っているタンパク質の遺伝子が、密林のように広がる意味のない文字の中に埋もれるように、染色体のあちらこちらに散らばっているのはそのためだ。

人間のＤＮＡのよくわからない大部分は、タンパク質のアミノ酸配列としての意味をなさないか、あるいはその通りにアミノ酸を並べても正常にはたらくタンパク質にはならないような文字列だ。このようなＤＮＡの中には、タンパク質はつくらないものの、何か大事な役目をもっている部分もあるが、ほとんどは役に立たないと思われる、ジャンクＤＮＡと呼ばれる部分だ。

自然選択の営みは、土砂を洗って宝石の原石――つまり次代の最高の酵素――を見つけ出すことをずっと繰り返してきたようなもので、そうすればするほど鉱物くずが出ることは避けられなかったのだ。

人間のゲノムは、情報の収容力という意味では並外れているわけではない。遺伝子の数は酵母菌の3倍程度で、カイチュウやニワトリと同じくらいだし、多くの植物よりは少ない。

知られている中でゲノムが最大なのは日本に生育するユリ目の一種、キヌガサソウだ。放射状に広がった鮮やかな緑色の葉の上に白い花が一つだけついている、一風変わった植物だ。その細胞一つ一つの中には、人間の細胞の50倍ものDNAが含まれている。このとんでもない量のDNAに含まれる文字列をすべて読み取ろうと思えば、現在の迅速なDNA配列読み取り法すらあまり役に立たないため、このユリがいくつの遺伝子をもっているかはわかっていない。

コムギ（訳注：栽培種のパンコムギ）のゲノムはこれより小さいが、9万5000個の遺伝子をもつ。コムギがこれほど多くの遺伝子をもつのは、祖先である3種類の野生コムギのゲノムが一つになって、今のコムギができているからで、さらに、元になった種のどれもが人間より大きなゲノムをもっていた。

ゲノムサイズの大きな動物の例はアフリカに生息するアフリカハイギョで、コムギと同じくらいのDNAをもつ。

遺伝子数、実は……

ヒトゲノムプロジェクトが終了する以前、生物学者たちは、人間の遺伝子数は10万個ほどあると確信していた。この配列解明作業にかかわった人々は、発表の時点までに遺伝子数が3万個ほどしかないとわかって、ひどく驚いた。

フランスのある著名な遺伝学者は、2001年にアメリカの科学雑誌「サイエンス」の取材に対して、その驚きをこう語っている（訳注：ヒトゲノム計画の結果は2000年に概要、2003年に完成版が公開された）。

お世辞にも洗練された生き物とはいえないセンチュウ（約2万個の遺伝子をもつ）から人間になるまでに、遺伝子の数はわずか3分の1の増加で（半分、というべきか）十分だったということになれば、これは間違いなく議論を呼び、新たな世紀の幕開けは、科学的、哲学的、倫理的、そして宗教的な問いかけが行われる時代となるでしょう。

その後の解明作業の結果では遺伝子数がさらに減ってセンチュウと同じ2万個となった頃には、ほとんどの生物学者はすでに考え方を変えはじめていた。しかしその10年後、それまでの理論をあっさり捨て、ジャンクＤＮＡこそ情報の宝庫なのだという大胆な主張を始める遺伝学者のグループがあらわれた。

彼らは、人間がもつ遺伝暗号の大部分を占める、何も意味しないように見える部分が、タンパク質のアミノ酸配列を示してはいないものの、別の何らかの指令を網羅的《もうらてき》に収めているという可能性に夢中になった。

アメリカでは、数億ドルがジャンクＤＮＡから情報を拾い出す研究に投資されたが、はっきりしたことはほとんどわかっていない。

ジャンクＤＮＡとオニオン・テスト

ＤＮＡに書きこまれている遺伝子の指示でタンパク質がつくられる際には、遺伝子は読み取られ、ＲＮＡと呼ばれる別の種類の核酸に写し取られる。このＲＮＡは、遺伝子と、タンパク質をつくる装置との間の橋渡し役だ。

ＲＮＡがタンパク質合成以外にも多くの役割を果たしていることが知られるようになったのは、随分前のことだ。ジャンクＤＮＡには秘密のメッセージが隠されている、と信じられている背景には、この一見乱雑に見える配列が、さらに多くのＲＮＡのはたらきを生み出していること、そしてこのことが、人間をかくも素晴らしいものにしているあらゆる要因の源だという考え方がある。

そして、次に来るのが「オニオン・テスト」だ。タマネギは人間の5倍のＤＮＡをもっている。タマネギは創造主の傑作の一つで、オリーブオイルで炒めると格別だが、だとしてもこの野菜ができあがるために、本当に人間よりはるかに多いＤＮＡが使われているのだろうか。

ナルシシズムに陥《おちい》ることなく考えれば、タマネギは人間と同じように、たくさんのジャンクＤＮＡをもっているとみるほうが理屈に合いそうだ。

神による創造を信じる人々はこういう見方に批判的で、人間は特別なのだと思いこんでいる。自分を愛するという個人的な感情では満足せず、人間は特別につくられ、地球上の他のどの生き物よりも神に愛されていると信じているのだ。

そういう人々は、タマネギがゴミのような遺伝子を山ほど抱えているという説に満足するが、人間のジャンクＤＮＡが本当に「ジャンク」だということは受け入れがたいのだ。

生物の複雑さとゲノムの大きさの間には、あまり関係はない。複雑さと言われると、私たちは体の大きさや解剖学的な構造、そしてその生物が生きるためにどんなことをしているかを考える傾向がある。人間であるためには、センチュウであることより多くのことをしなければならないのは確かだが、おそらく、細胞がやっていることと比べれば、人間の細胞のほうがずっと多いとは言えない。

これは重要で、以下のことは再度強調しておく価値があるだろう。つまり、人間はセンチュウより動く部分は多いが、個々の細胞の複雑さは同じくらいなのだ。

二重にコピーされた遺伝子

セスナと、世界最大の旅客機エアバスＡ３８０の製造を考えてみよう。エアバスのほうが完成までに多くの工程があることは明らかだが、その多くは同じ作業の繰り返しだ。セスナでもエアバスでも、いくつかの部品はトルクレンチを使ってボルトで取りつけられる。これをゲノムにあてはめると、遺伝子のほとんどは道具のつくり方を指示するためのものだ。これらの道具はとてもよくできており、自動的にはたらくことができるため、指示は効率的に伝わるのだ。

センチュウのような生き物でも人間でも、代謝を行い、体の構造をつくり、調和の取れた動きをし、食べたものを消化し、免疫系をはたらかせて身を守り、といったいろいろなことをするために必要な遺伝子の種類は、同じくらいだ。人間とセンチュウの違いを生み出している遺伝子は、それほど多くないようだ。

大きな違いは脳のサイズだ。センチュウの脳は、消化管の頭部側の先端を環のように取り巻く神経細胞からなっている。人間の脳をスーパーコンピュータとすれば、ソロバンといったところだろう。

人間の脳は大きな器官だ。直立歩行し、単純な動きも複雑な運動もでき、母指対向性(訳注：親指が他の指と向かい合うようになっていること。物をつかみやすくなっており、霊長類の特徴の一つ)をもち、視覚が優《すぐ》れ、そして著《いちじる》しい暴力的傾向のある動物がこれほど巨大な脳を備えたことで、人間はまるでこの地の支配者であるかのように闊歩《かっぽ》している。

脳の大型化に関わるいくつかの遺伝子が発見されているが、それらはセンチュウにはないし、人間に最も近縁な大型類人猿にもない。もともと1つだけあった遺伝子が細胞分裂の際に誤って重複、つまり二重にコピーされて2つでき、そのうちの1つが後に新しい使い方をされることがあるが、人間の脳を大型化させた遺伝子もこのようにしてできたと考えられている。

つまり、遺伝子の重複は遺伝子の数を増やすことにつながり、それが新たな役目を担う遺伝子となる可能性があるので、進化の原動力になり得るのだ。重複で増えた遺伝子のうち2つが脳の発達に関係していて、神経細胞の成長と発達をもたらした。

これらの遺伝子をマウスのゲノムに入れると、マウスの脳の神経細胞どうしがより密につながり合うようになり、表面のしわも多くなった。

ケージに入れられていたそのマウスは、小さなピンク色の爪で紐《ひも》をつかんだり、ヒゲをピクピク動かしたり、黒い目をパチパチさせたりしていて、私はこのとらわれのネズミの未来が、脳のしわが増えたおかげで暗くなるのか、それとも明るくなるのだろうかと考えたものだ。

人類の遺伝的多様性

人間のゲノムは、10万年以上前にアフリカの大地溝帯を後にして以来、絶え間なく書き直されてきた。誰もが、自分のＤＮＡの中に変異をもっていて、変異の個所ではＣがＴやＡになるといったことが起こり、配列が変化している。

それらの変化のほとんどは害のないものだが、これが原因で深刻な遺伝性疾患が起こることもある。テイ・サックス病や鎌状《かまじょう》赤血球貧血症は、遺伝子の文字配列の中で１つの文字が変化したために起こる病気の例だ。

初期の人間たちは、ゲノムの中にそれぞれ異なる小さな変異をいくつももっていた。二人の人のゲノムを比べると、違っている個所が４００万から５００万あり、これはかなり多いように聞こえるが、ＤＮＡの１％未満の違いにすぎない。一卵性双生児でさえ、これくらいの違いはあるもので、それは胚が２つに分かれて双子となった後にこれらの変異が起こっているからだ。

ヨーロッパまたはアジアに家族のルーツをもつ人々では、DNA中のこのような差異がアフリカ人よりも少ない。このことは現代人類はアフリカ起源であるという、すでに定着した説を支持する。地球上で一番早くあらわれた人類だから、遺伝的多様性も大きいのだ。

このような遺伝的変化から、また別の人類の生物学的特徴が明らかになる。まず、人類の遺伝的多様性は、他の大部分の動物と比べてとても小さい。ノルウェー人とナイジェリア人で、DNAはほとんど同じだ。

第二に、個人間の違いのうち、国勢調査の回答に基づく人種（訳注：アメリカでは国勢調査で自分の属する人種、民族を答える欄がある）の分類と関連しているものはほとんどない。ノルウェー人とナイジェリア人との、肌の色などの身体的特徴の原因となる遺伝的差異は、ほんのわずかの遺伝子に基づいている。

ゲノム内に散らばる個人差に比べれば、地域によるゲノムの違いはとても小さいのだ。

カール・リンネは、18世紀に私たちにラテン語の名前を与えてくれ、その*Homo sapiens*を肌の色や見てわかるような行動の違いに従って、地理的に4分類した。

この人種的分類に基づいて、後の科学者たちはより人種差別主義者的な分類を行い、肌の白いヨーロッパ人を人類の頂点とし、その他の人種は退化の結果だと考えた。

遺伝子研究はこの説を一蹴《いっしゅう》したが、それでも人間性の中には自分を優位と思いたがる性質が残っていて、人間のナルシストぶりはここにもまた顔を出しているのだ。

人間以外の自然を気持ちのよいものから不快なものという尺度で測るだけでは気がすまず、人間という種の中でも誰が上だとか下だとか考えている。このような信念はいともやすやすと受け入れられる。人種差別主義は、個人の価値に目を向けようとしない人々にとって、都合のいい拠《よ》りどころとなりかねないのだ。

第5章　誕生

私たちはこうして生まれる

偉業が成されるとき

毎分250人の赤ちゃんが誕生する。これだけ数が多いと奇跡とは呼びにくいが、生まれたばかりの赤ちゃんを見れば感動するので、こんな感傷的な表現もしたくなるし、出産の苦痛に耐える母親は尊敬されて当然だ。

9ヵ月（訳註：日本で10ヵ月とされるのは数え方が違うため）をかけて胎内で成長し誕生した、羊水に濡れた赤ちゃんの生命力あふれる姿は、自然の驚異に対する畏怖《いふ》の念を抱かせる。そして、それは実際に素晴らしいことなのだ。

さまざまな器官が備わっているおかげで、あなたが息を吸ったり吐いたり、食べ物を消化したり、排尿したりできているなら、それは紛れもなく、まだ胚だった頃のあなたの中で縦横無尽に展開された化学反応が、現代のバイオテクノロジーを駆使しても及ばないような偉業を成し遂げた結果だ。

雄と雌のいる他の動物と同じように、人間の一生も2つの細胞の合体から始まる。卵子が分泌する物質に引き寄せられて、数百個もの精子が卵子に群れ集まる。その大群の中の1つだけが、卵子を取り巻いて邪魔をしている濾胞《ろほう》細胞の隙間に入りこみ、頭部から酵素を放出して卵子の表面を覆《おお》う物質を溶かしながら進み、卵子の細胞膜に突き刺さる。その後、精子の核が卵子の中へ入っていき、卵子の核と融合して受精が完了する。

受精後24時間以内に受精卵は２つに分裂する。その後も分裂が繰り返され、できた細胞はボール状に集まって、やがて30個ほどの細胞からなる塊《かたまり》ができると、内部が液体で満たされた胚盤胞《はいばんほう》という状態になる。胚盤胞の構造は、池にすむ藻類のコロニーと同じくらい単純だ。

体の基本設計図

複雑な構造がつくられはじめるのは、胚盤胞の内部に位置する細胞群が片側に集まり、胚が子宮壁に着床《ちゃくしょう》するところからだ。

胚盤胞は原腸胚と呼ばれる段階に進み、体の大まかな構造が決められる。この段階は、将来動物の体の背側になる側に溝ができることから始まるが、この溝は原条（訳注：原始線条ともいう）と呼ばれる組織の一部となる。

原条は、肛門から、その反対側の端にできる頭部までの軸を示す、最初の指標となるのだが、こうすることには利点がある。原条の両側に位置することで、体の左側と右側が決まるのだ。

原腸胚の段階では、３つの異なる組織の層も形成される。最外層は外胚葉と呼ばれ、後に皮膚や神経系などを形成する。中間の層は中胚葉で、筋肉や骨組織などになる。消化管や肺などは、内側に位置する内胚葉からできる。

これらの組織層がつくられるにつれ、原腸胚の内部では、脊索《せきさく》と呼ばれる棒状の構造ができる（このやわらかい棒状の組織は、後に硬骨の脊椎《せきつい》が形成されるとともに、退化消失して椎骨《ついこつ》に置き換わる）。

原条の一方の端には、細胞が集まった平たい皿のような構造ができ、長く伸びて中央が窪《くぼ》むことで折りたたまれ、管状となる。この管の中にはやがて神経索《しんけいさく》が入り、後に脊髄《せきずい》となり、頭部側の端は膨《ふく》らんで脳となる。この時期の胚はゴマ粒ほどの大きさで、どの動物になるのかがわかるようになるのはまだずっと先だ。

背骨をもつ動物である脊椎動物の解剖学的構造は、ミミズや昆虫の構造よりも複雑だが、体がつくられていく過程には似ている点も多くある。

ミミズははっきりした体節をもち、それは環が連なったような外見からもわかるし、内部も同じ構造が繰り返されている。体節の構造は基本的に同じだが、体節によっていくらか変更されることで、体節ごとに異なる臓器ができているのだ。

たとえばミミズの神経系についてみると、どの体節にも神経索に沿ってわずかに膨らんだ部分があるのだが、それが前端の体節では1対の大きな膨らみになり、脳となっている。

同じことは昆虫にも言える。ミツバチの体は、幼虫も成虫も、外骨格の環状構造が連なってできていることが見て取れる。口器と触角は前端の体節にあり、３対の脚はそれより後ろの体節から出ている。脊椎動物の体節構造はこれほど目立たないが、椎骨が連なってできた脊椎を見ればわかる。一つ一つの椎骨は体節に相当し、胚では原体節と呼ばれる。体の構造をつくる基本設計図とでもいうべきものは共通しているが、ヘビでは数百個の椎骨と肋骨《ろっこつ》がある一方で、人間の椎骨は33個、肋骨は24本と少ない。

発生をめぐって

胚を構成するすべての細胞は、その生物のゲノム全体を含んでいる。脳の細胞が肺の細胞と違うはたらきをするのは、これら2種類の細胞で、それぞれに異なる特定の遺伝子セットがはたらくからだ。

胚が成長するにつれ、ホックス遺伝子と呼ばれる遺伝子群が、各体節が担うことになる役割に合うように遺伝子のスイッチをオンまたはオフにすることで、発生の道筋を示す。

ホックス遺伝子群は、染色体に沿って発現する体節の位置順に並んでいるので、まず頭部をつくる遺伝子が最初にあり、胚の後端の形成を調節するホックス遺伝子まで順に続いている。このような配列のおかげで、これらの遺伝子は体節の順序で正確に発現することができるのだ。

ショウジョウバエで発生に関わる遺伝子に変異が起こると、触角ができるはずの位置から脚が出ていたり、半透明の羽がねじれていたり、あるいは眼が小さく点のようになったりする。脊椎動物でこのような変異が起こると、四肢《しし》の発達が異常になったり、臓器に障害が生じたり、顔面の奇形やがん、難聴などが起こる。

発生の異常に関する研究は奇形学と呼ばれ、解剖学博物館にはこの分野で集められた、見ると胸が痛むような標本のガラス瓶が並んでいる。発生学者はニワトリなどの胚を操作することに熱心だったが、人間の奇形学に関する知識は、ホックス遺伝子の変異のような、自然に起こったプログラムミスの症例の分析に頼っている。

14日ルールというものがあり、原条ができ、左右方向と頭尾方向に従った構造ができはじめる前の人間の胚は、研究に用いてもよいとされている。人工授精でできた受精卵をシャーレで培養すると、普通は1週間で胚盤胞となり、もし母親となる女性の子宮に戻せば着床することができるだろう。

新しい培養法によって、奇形となるような胚も受精後13日間生存できるようになった。このような技術が進歩したことで、現在の法律を改正すべきだという主張も出ているが、倫理学者は強く反対している。

みんな太ったタツノオトシゴのよう

神経管（訳注：脳と脊髄のもととなる管状構造）ができると次の段階へ進むが、この段階はすべての脊椎動物で驚くほどよく似ている。魚類、両生類、爬虫類、鳥類そして哺乳類の胚は、どれもまるで魚に似ていて太ったタツノオトシゴのように見える。

ダーウィンの進化論が発表される数十年前には、化石の研究から魚類が他の脊椎動物より先に進化したことがわかっていた。このことは、時代を追って脊椎動物の陸上進出、恐竜や鳥類の登場と続き、ビクトリア朝の紳士たちさえ例外ではないとする学説にとって、心強い証拠となった。

進化のクライマックスで人類が登場したという考えは、その逆行、つまり人間の中の獣性が目覚めるのではないかという恐れをも生み出した。ロバート・ルイス・スティーブンソンは、１８８６年に出版された小説『ジキル博士とハイド氏』の中でこう記している（大佛次郎訳、恒文社）。

そうして、彼の肉体に閉じこめられてうなる声が聞こえ、生まれ出ようとしてもがく動きが感じられる。しかも、時を選ばず、彼の弱点につけこみ、または、安心して眠っているまに、彼を征服して彼の生を奪うのだ。

体ができるまで

初期の発生学者たちは、いろいろな種の動物の胚を見ると、進化の過程の証拠が見て取れると考えていて、このことがすべての脊椎動物が発生の途中で魚のような時代を通るのだという主張につながった。

よく似ていることは事実だが、現代の発生学による解釈では、共通の祖先がそのような形の生き物だったとされている。私たち脊椎動物はすべて、細長く脚のない虫のような古い祖先から進化したのだ。つまり、サケの胚は、チーターの胚とよく似ている時期があるし、ワシはカエルに似ている、というように、すべての脊椎動物の胚によく似た段階がある、と見るのが正しいのだ。

発生のこの段階での胚に共通する特徴として、一番目立つのは、頭部の下にできる、折りたたまれて平たい袋が重なったようになった部分だ。これらは咽頭嚢《いんとうのう》と呼ばれる。魚類ではこの平たい袋の間のしわに裂け目ができ、やがて突き出して鰓《えら》となる。陸上動物ではこの鰓裂《さいれつ》はできないが、その代わりに、これらの袋は体節の発達でとても重要な役割を果たす。

哺乳類では、袋の一番上の部分から中耳の一部と鼓膜《こまく》ができる。三番目と四番目の袋からは胸腺ができるが、これは免疫系で体を守る役割をもつT細胞を成熟させる器官だ。

胚の反対側の端では尾芽《びが》ができるが、そのために爬虫類とシマウマの胚の区別がつきにくくなっている。眼や心臓などその他の器官、消化管と四肢もこの時期にできはじめる。心臓は鼓動を始め、やがて胚は数ヵ月後にどの動物となって生まれてくるかがわかるような形になっていく。

動物によって異なる特徴が、よく似た形の胚からできあがっていく過程は、圧倒されるほど美しい。

コウモリの指は長く伸び、その間に皮膚からできた膜が張られることで翼《つばさ》になる。ゾウでは、鼻と上唇が一つになって、あの長い鼻のもとになる小さな突起ができる。キリンの胚では首が長くなり、かわいらしい蹄《ひづめ》もできてくる。

遺伝子の発現が押し寄せる波のように連続して起こり、子宮の中でそれぞれの哺乳類の正確な形ができあがっていくのだ。このように、決められた道筋で体ができていく過程は誕生後も続くのだが、こうして完成した成体の骨格を見ると、共通した一組の骨の中で、あるものは短くなりあるものは長くなるといったことが起こった結果、種による大きな違いとなっている部分がいくつもあることに気づくだろう。

人間の体ができるまでにかかる期間は、ゾウの半分以下だ。小型のげっ歯類（訳注：ネズミの仲間）は、胎盤をもつ動物の中で体ができあがるのが一番速く、2週間で生まれる。有袋類は12日だが、生まれたときはまだか弱く、ハチくらいの大きさしかないので、さらに数週間を母親の育児嚢の中で過ごす。

最初の一息

クジラやイルカの体ができる過程は、発生学的な変容の驚くべき例で、後肢の肢芽《しが》（訳注：発生初期にあらわれる、肢《あし》のもとになる組織）が吸収されて退化し、前肢は平たくなって鰭になる。

何もかもが計画通りにいけば、マッコウクジラの母親は体重1トン、体長4メートルもの大きさの仔を産み、仔は群れの仲間に押されて海面まで上がり、海水のしぶきとともに最初の一息を吸いこむ。マッコウクジラの妊娠期間は14ヵ月から16ヵ月で、仔は世話を受けながら2年間を過ごす。

ハーマン・メルヴィルは『白鯨』（阿部知二訳、岩波書店）の中で、クジラの仔と子宮の中の胎児をこう描写している。

これらの嬰児のひとりは、ふしぎにも、何となしに、生まれて一日経っているかいないかと感じられたが、その身長は多分14フィート（訳注：約4・3メートル）、胴まわりは6フィート（訳注：約1・8メートル）ばかりはあったろう。彼は少々はねっかえりだったが、その体といえば、今しがたまで母の子宮の中でとっていた窮屈な姿勢――生れる前の鯨の胎児は、決定的に飛び出す一瞬に構えて、尾から頭まで、韃靼人《だったん》の弓のように曲げている――それがまだほとんど矯正されてもいないのだった。なよなよとした脇鰭、尾の尖の裂片は、他世界から今きたというばかりの赤ん坊の耳に似て、びらびらのもみくしゃ、という貌を呈していた。

すべての哺乳類は「他世界から」やってきて、羊水に浸っていた頃のことを覚えてはいない。私は、妊娠中絶が１９６７年にイギリスで合法化される5年前に生まれたが、私を産んだ母親は、もし中絶が合法だったらそれを選択していたかもしれない。

吸引法による中絶で私の人生は早々に終わり、私の養父母には別の子どもが紹介されていただろう。そう考えると落ち着かない気持ちになるが、客観的に見れば別の考え方もできる。中絶された胚は私ではなく、後に私になるはずのタツノオトシゴのような段階の哺乳類だった。もし中絶がもっと妊娠が進んだ時期に行われていたら、胎児はより新生児らしく見えるようになっていたはずだが、それでもやはり私ではなかっただろう。それは、やがて私になった、哺乳類の胎児だったのだ。

子宮内の胎児はある哺乳類になることが決まっているが、ある個体——たとえば——一人の人間の姿はほとんどなく、それはクジラの場合と同じく、誕生して最初の一息を吸いこむ瞬間に向かって、少しずつあらわれていくのだ。

人生とはニアミスの連続

エドマンド・スペンサーは、運よく切り抜けたこのような災難を、わかりやすい寓話《ぐうわ》として『妖精の女王』（和田勇一、福田昇八訳、筑摩書房）の中で次のように詩的に表現している。

順風を帆にはらんで快走する舟が、
難破させてやろうと待ち受けている暗礁を
それと知らずに逃れた時、
舟乗りは、今通り過ぎた危険に
肝を冷やして目を見張り、成行き任せの幸運が

まだ本当と思えず、喜ぶ気にならない時のよう……、

あなたの身に起こった、この「暗礁に肝を冷やした」経験はどんなものだっただろうか。曲がり角を横断しようとしたあなたの頭すれすれのところを、加速したバスのサイドミラーがビューッと通り過ぎた、などということはなかっただろうか。

そのほんの少し前に、サンドイッチショップのガラス窓の向こうを黄色い蛾《が》が飛んでいるのに気を取られて、少し歩を緩《ゆる》めたのは、何と運がよかったことか。あなたを助けたのは昆虫か、それとも、窓を開けて蛾を逃がすのを面倒くさがった従業員なのか。

人生とはニアミスの連続で、そのせいで終わってしまうこともある。中絶されてしまう可能性は、人生のごく初めの頃に遭遇する、交差点事故の危機のようなものだ。しかし、もしあなたが出産時に死亡したり、自然流産になったり、あなたになるはずの受精卵の子宮への挿入が失敗したり、あるいはあなたの両親が、あなたができるはずだった日に性交渉をもたなかったとしたらどうだろう。

人生にはさまざまな不確定要素があり、これらの出来事のために人生が始まったばかりで終わってしまうとしても、起こりうる結果の中でそれが一番ましな出来事だったのかもしれない。生まれたその人が、いつかバスのサイドミラーにぶつかって命を落とし、愛す

る親を失った家族が嘆き悲しむことになるよりは。

思いがけない贈り物か迷惑な重荷か

堕落（訳注：アダムとイブが神の命令に背き、楽園を追放されたこと）の後、人類に課せられた意地の悪い運命に悩んだアダムは、ミルトンの『失楽園』（第10巻　平井正穂訳、岩波書店）の中で神に人間を創造した意図を問うている。

おお、創造主《つくりぬし》よ、土塊《つちくれ》から人間に造っていただきたいと、私が、あなたに頼んだことがあったでしょうか？　暗闇の世界から私を導き出していただきたい、この楽しい園に住まわせていただきたいと、懇願したことが果してあったでしょうか？

メアリー・シェリーが『フランケンシュタイン』（1818年発行）の冒頭にこのアダムの訴えを引用しているのはとても印象深い。激しい自己陶酔《とうすい》の熱に浮かされて、ヴィクター・フランケンシュタインは自分が創り出した怪物が感謝してくれるものと思いこんでいた。人生とは、よく言えば思いがけない贈り物で、最悪なら迷惑な重荷だ。

私が人生で味わった幸運を思えば、生まれてきたことを後悔していると言うのは難しい。しかし一方で、もし「私になるはずの」受精卵が生き続けなかったとしたら、私が今ここで自責の念を書くこともなかっただろうし、それほどたくさんいるわけではないが、私が生きていることを喜んでくれる人たちに出会うこともなかっただろう。

人工妊娠中絶は毎年６０００万件も行われていると推定される。もし中絶が行われなくなったとしたら、世界人口の増加率は１％ちょっとから２％へと上昇するだろう。子宮から出ることなく生を終えた人々がもし生まれていたらどんな社会になっていただろう、と想像することはできるが、それは今の私たちと似たり寄ったり、というよりはほとんど同じで、詩人や愚か者の割合が変わることもないだろう。

むき出しの無神経な自尊心

中絶反対派の中には、生まれてくる可能性のあった赤ちゃんが生まれてこないということは、一切受け入れられないという人々もいる。彼らが思い浮かべる世界では、中絶はとてつもない重大事で、中絶手術が受けられることをどう思うか、という質問への答えが、政治家を選ぶ際の主な基準になる。

宗教的な倫理の解釈が行きすぎれば、どんな方法であれ避妊まで禁止せよという主張になる。どんな人でもすべての人の生命を愛せよ、という説教はここからくるのだ。母親の意思、妊娠によって母体の健康が脅《おびや》かされるかもしれないこと、あるいは胎児に深刻な異常が見つかった、などということに関する問題は、すべての赤ちゃんが生まれてくるようにすることの価値と比べれば大したことではないのだ。

これは、紛れもなくローマカトリック教会の立場で、その他の正統派キリスト教の宗派、さらにイスラム教、ヒンズー教などの宗教にも同じ考え方がある。

胎児が母体から吸い出されると考えると、ただただぞっとする、という人もいるが、胎児も一緒に吸い出される子宮の組織も区別がつかない妊娠初期の中絶なら、あまり心が痛まない人もいる。胎児に肢芽ができ、脳ができはじめていることがわかる時期となると、議論は激しくなる。

アメリカで行われた中絶に対する法的な異議申し立てでは、胎児の心臓が拍動を始める時期を基準とすべきだと主張したケースがあり、胎児が保育器で生きられるようになる時期、とする考えもある。

胎児が感じる苦痛は、中絶の議論で主要な論点で、この問題が抱える複雑さがよくあらわれている。初期の胎児に関する解剖学的な研究では、はっきりした神経線維のネットワークが、脳や脊髄のもとになる組織から、成長しつつある四肢の先端部に向かって、デルタを流れる河川のミニチュア版のように広がっていることがわかった。

この時期の胎児は妊娠６〜７週目で、脳のいろいろな部位が、針の頭ほどの大きさの膨らみが連なったものとしてあらわれはじめている。このような神経のつながりのあるものは感覚情報を脳へ伝え、別の部分は運動を制御する指令を出す。

これよりずっと後の妊娠６〜７ヵ月では、脳の中央部にある視床《ししょう》と呼ばれる部位が、大脳皮質につながっている。視床は中継基地のような役割をし、全身に張りめぐらされた感覚神経から入ってくる情報は、ここを通って、これらの情報を処理する最外層の大脳皮質に届けられるのだ。

出生後、これらの経路のおかげで私たちは暑さや寒さを感じたり、押されたら押し返したり、切り傷を負ったら手を引っこめたり、といったことができるのだ。

では誕生前はどうかというと、胎児が子宮の中で目を覚ましているか否《いな》かがはっきりしないため、簡単には判断できない。温《あたた》かい液体の中で、胎児は鎮静作用のある化学物質のおかげで、意識はないが脳は活動している、夢を見ているときのような状態になっている。健康な胎児は子宮の中で手足を動かし、大きな音に反応し、蹴ったりしゃっくりをしたりしているが、だからといって、これが新生児と両親の間で交わされるような意識的な応答だというわけではない。

ショウジョウバエのような昆虫の成虫は、感覚器官から入ってくる情報を読み取り、周囲の環境にある望ましいものや危険なものを感知する能力が、簡単な脳の構造ができた段階の人間の胚と比べれば優《すぐ》れている。

昆虫と人間のどちらが洗練されているかという比較は、胎児が成長し、自然界で一番複雑な脳が出生前の胎児の中でできあがっていくにつれ、意味をなさないものになっていく。胎児が眠っているとしても、脳は高度なコンピュータのように、子宮内で情報を受け取っている。

しかし、私から見れば、生体解剖される動物や、家畜にされるさらに多くの動物も感覚をもつのに、そんなことは気にも留めずにひどい扱いをしていることも重大な問題だ。人間だけが行っている他の動物への虐待行為には目もくれず、人間の胚の疑う余地のない神聖さの声高な主張だけが、むき出しの無神経な自尊心の中に見え隠れしているのだ。

第6章 知性

私たちはこうして思考する

神経系では最高時速400キロで情報が行き交う

私たちが読んだり、考えたりするとき、そして意識にはのぼらないが、心臓や肺のはたらきをチェックしたり、筋肉を緊張させたり緩《ゆる》めたり、消化管の動きを調節したりしているとき、神経系では最高時速400キロメートルで情報が行き交っている。数兆回ものこのような信号が、生命を維持するためのしくみをはたらかせ、入ってくる情報を処理し、とてつもない量の思考をめぐらし、その結果出された指令を送り出している。人間とは、すなわち神経系なのだ。

記憶がどのように蓄えられ、引き出されるのかはまだわかっていないが、たとえば私たちが「ハクトウワシ（訳注：北アメリカの沿岸部に生息する大型鳥類。頸《くび》から頭にかけて白い羽毛に覆《おお》われていることからこう呼ばれる）」のことを考えるとき、脳がその特定の鳥に関して蓄積された情報にアクセスしていることは確かだ。

ワシの情報が脳内に記録されているという事実は、私たち自身について理解するうえで重要だ。鳥についてのイメージが、脳以外の場所からやってくるなどと考える人はいない。その延長上で考えれば、人間の本質――あらゆる一つ一つの考え――は脳の中にあり、脳が死ねば消え去るのは明らかだ。

科学は、ゆっくりとだが確実に、魂《たましい》という概念を神学の領域へと追いやってきた。私たちが何かを経験することは、神経系の中を化学物質が動くことにほかならないのだ。

人間の脳は、進化が創りあげた最も複雑な計算装置の一つだ。ウシやチンパンジーより賢く、勝手に主役を名乗ってわが物顔で歩きまわり、他の生き物たちは震えあがっている。人間の脳の洗練された能力のほとんどは、最外層のしわになった部分にある。私たちの意識や言語能力は、新皮質と呼ばれるスポンジ状の組織をつくっている、１６０億個のニューロンの間で交わされる信号がもとになっている。

この構造は哺乳類特有の解剖学的特徴で、できあがった時期は比較的最近だ（「新皮質」はしばしば単に「皮質」と呼ばれるので、以下では「皮質」とする）。爬虫類など、他のグループの動物たちの脳には、進化の過程で新たに付け加わったこの部分は見られない。

「辺縁系」の登場

テンレック（訳注：アフリカトガリネズミ目に含まれる種）はトガリネズミ（訳注：ネズミの仲間ではなくモグラやハリネズミと近縁の小型哺乳類）に似た動物で、マダガスカルとアフリカ大陸の一部に生息しており、最初期の哺乳類の姿をとどめていると考えられている。

テンレックの脳には皮質が少なく、表面にしわがなく、人間の脳の断面で見られるようなはっきりした層構造はない。哺乳類の進化において、ある系統では脳が時代とともに大きくなり、別の系統では小さくなっていて、一番大きな脳をもっているのはゾウとクジラの仲間だ。

脳が大きくなるにつれ皮質は拡大し、頭蓋骨の中に収まるように深い溝ができた。皮質がこのように折りたたまれていなければ、私たちの頭は特大サイズのピザくらいになってしまうだろう。人間だけがもつ言語能力を生み出していることに加え、皮質は抽象的な推論を行い、いろいろな感覚器官からの情報はそれぞれの区画で処理されている。

タマネギをみじん切りにしたり、ペンで字を書いたり、といった精密な運動も、皮質にある神経細胞によって制御されている。

しかし、人間の偉大さがこの脳の最外層にあると決めつけるのは間違いだ。脳のより深い部分には、経験を蓄えたり、一風変わった性格のもとになる多くの部位がある。

危険を冒してでもやる性格かどうか、物事をどれくらい恐れるか、基本的にどのくらい楽観的か悲観的か、そして性的衝動などの特徴が、私たちの個性を形づくる。

行動する際のこのような特徴は、皮質の下側に並んでいるいくつかの領域からなる、辺《へん》縁系《えんけい》と呼ばれる部分によって生み出される。この古い脳はとても強力で、恐怖をかき立てようと絶え間なくささやきかけてくるので、私たちは心してそれに翻弄《ほんろう》されないようにしなければならない。

知的なのはよいことだが、あんな素晴らしい人はいない、と思えるような人が、実は飛行機やサーカスのピエロが怖くてどうしようもない、などということもあり得るし、辺縁系に駆り立てられて無分別な行動をしたり、何かにのめりこんでしまえば、破滅をもたらしかねない。

私たちの内なる悪魔にとっては、呪文《じゅもん》で陰鬱《いんうつ》な雲を呼び出し、晴天を台無しにすることなどたやすいのだ。「心というものは、それ自身一つの独自の世界なのだ／地獄を天国に変え、天国を地獄に変えうるものなのだ」（ミルトン『失楽園（上）』第1巻　平井正穂訳、岩波書店）。

言語という特性

脳のこの奥深い領域には、他に私たち自身と周囲のイメージをつくりあげている部分もある。森の中の小径《こみち》を歩いているとき、脳は背の高い樹木や低木の視覚的な像、鳥のさえずりや春の花々の香りなどから、バーチャルな森を脳内につくりだしている。

実際の森には木々や鳥の声、花々の香りがあって、私たちの感覚器官はそれを電流に変換して脳へと届けている。脳はその電気信号からもとの情報を再現するので、私たちが感じているのは、脳がつくりだした幻影のようなものなのだ。

他の動物たちも同じようなことをしている。蛾《が》は、備わった感覚器官と中枢である脳を使って、蛾なりのバーチャル森林をつくりあげているので、人間は特別と言えるのか、という重大な疑問がわく。

数世紀の間、哲学者たちは、道具をつくって使うことから相手を欺《あざむ》く行動、自意識（鏡の中の自分に見入ること）や模倣まで、人間の比類なき精神性とはこれだ、といえそうな能力を見つけ出そうと苦闘してきたが、結局は他の大型類人猿やサル、イルカやクジラ、カラスがもつ明らかな完成度の前に挫折してきた。

鋭いユーモアのセンスはその有力候補だったが、若いチンパンジーの楽しそうな様子を調べてみると、キーキーと声を立てているのは笑いのようなものらしいとわかり、これも怪しくなった。イルカも同じようなことをするし、ラットでさえ、遊びが大好きで人間にくすぐられるとかん高い声を上げることがわかった。

言語は、話され、書かれ、そして文章となることで思考にもつながるので、優《すぐ》れた能力を論じるうえでは最高の実例となる特性だ。人間の卓越した音声言語によるコミュニケーションには、チンパンジーもゴリラも遠く及ばないことは疑いない。

クジラはいろいろな音を出せるように進化しているが、今のところ私たちはクジラの会話を翻訳できていない。ザトウクジラやマッコウクジラの会話を解読できるようになるまでは、複雑な言語を駆使して、ちょっとしたアイデアであれ深遠な思索であれ共有できるのは人間だけだと、誇らしく思っていられる。

言語は、人間だけがもつ他のすべての特徴の基盤となっている。

バーチャル森林に話を戻すと、私たちは冷蔵庫くらいの大きさのダイヤモンドが小径に置かれているという想像を選択することができる……そうすれば、それはそこにあるのだ！　実際にはありえない宝石の出現は、自然に思い浮かんだだけのように見えるが、実は脳内で行き来する情報から生まれたものである。

クジラは素晴らしく想像力に富んだ生活を送っているかもしれないし、ボノボ（訳注：チンパンジー属にはボノボとチンパンジーが含まれる）は熟れた果物でいっぱいの山を空想することができるように見えるが、実在しないものを創造する能力は、他の生物ではごく稀《まれ》のようだ。

眠っているネコが寝言のような声を出しているとき、夢の中で鳥に忍び寄っているのかもしれない。しかし、物語の想像には言語が必要で、実際には何もいない庭に小鳥の群れがいると思い浮かべることは、言葉をもたないネコにはできない。

言語に基づく想像力は、ボディペインティングやタトゥー、岩に刻まれた絵文字から音楽やダンス、海を描いたターナーの風景やミルトンの詩に至るまで、人間の芸術的ひらめきの源泉だ。言語のおかげで、私たちは建築や技術、科学を発達させてきた。言語がなければ、宗教や、さらに複雑な社会的儀礼が生まれるとは考えられない。

昆虫にも心がある

ルネ・デカルトは、社交の場での軽妙な会話こそ、人間にしかない最も偉大な特徴だと考えた。他の動物にはそれがないので、少なくとも人間がやっているようには考えることができないのだと信じていた。

人間は自分自身について思いをめぐらすことができることから、デカルトは、思考する存在である精神あるいは魂と、思考の対象である身体という、別々の実体があるとする二元論を提唱した。

デカルトの二元論では、魂は人間にしかないとされ、人間の特殊性についてのキリスト教的な考え方を支持していた。二元論は、数世紀もの間、人間以外の自然を犠牲にした自己満足の根拠にうってつけの哲学理念であり続けた。

1648年にデカルトに会ったホッブズは、二元論などくだらないと考えていたし、後の時代の哲学者、とりわけヴォルテールは、動物を考えることなどできない機械とみなす考えを野蛮だと批判した。

この論争には決着がついており、今では昆虫にも心があることがわかっている。

ハエは何を考えているか

イエバエ（*Musca domestica*）の剛毛の生えた頭の内部には、ケシ粒くらいの大きさの脳があり、1ヵ月ほどの寿命を生きる間、ハエなりに何かを考えている。この小さな電気装置には10万個のニューロンがあり、独特の構造をもつが、中でも複眼の後部につながる視葉と呼ばれる1対の大きな部分が目立つ。

脳の中央部は多くの情報が行き交っていて、中心複合体が、左右1対のキノコ体と呼ばれる茎のような構造につながっている。キノコ体はすべての昆虫にあるほか、クモ、ヤスデ、海産の節足動物にも見られる。

19世紀にキノコ体を発見したフランスの生物学者は、ある種の昆虫では、これが本能行動を知性でコントロールするはたらきを担うと考えた。昆虫の頭部を切断しても、この小さなキノコ体が残っていれば調和的な運動ができる種がいることから、このような結論を導き出したのだ。

これよりは精密な実験で、キノコ体と、中心複合体の周囲のいくつかの領域が、においに対する方向性をもった反応の中枢となっていることがわかった。キノコ体は、学習と記憶にとって重要な部位で、そのはたらきによって昆虫はにおいを認識し、そこへ近づいたり遠ざかったりすることができるのだ。

キノコ体は人間の中脳にある視蓋《しがい》という部位と比較されてきたが、私たちの眼などからの情報は視蓋に入り、ここから皮質へとつながっている。

イエバエの飛ぶ速度は時速6キロメートルで、特に速いわけではないが、翅《はね》は毎秒300回も羽ばたいていて、最長で24キロメートル飛び続けることができ、巧《たく》みに半回転して頭を下にし、天井にとまる。

イライラした人間が、百万倍も大きな脳をはたらかせ丸めた新聞で叩き落とそうとしても、巧みな動きならハエのほうが一枚上手だ。自分を襲おうとする相手の姿を、六角形のレンズをもつ個眼が4000個も集まった複眼で追い、空気圧の変化を触角で感じ取り、丸めた新聞紙が壁を叩く100分の1秒前に飛び立って逃れるのだ。

ハエは、1秒間に集めることのできる情報量が人間より多く、それはつまり時間を引き延ばしているようなもので、そのおかげで近づいてくる新聞紙をじっと見て、それが確実に自分に当たると判断すれば回避行動をとることができる。

昆虫にとって時間はスローモーションのように過ぎているのかもしれない。メスのカゲロウは成虫として生きる時間がとても短く、わずか5分の間に交配相手をみつけ、交尾し産卵するものもいる（訳注：カゲロウの一種 *Dolania americana* のメスは幼虫の最終段階である亜成虫になってからの寿命が5分といわれる）。

彼女は翅をつくろい、午後の日差しの暖かさを満喫しながら、最後の15秒を、夏を謳歌《おうか》しながら過ごすのだ。ホラティウス風にいえば「その1秒を摘め（*carpe secunda*）というところだろうか（訳注：「今この瞬間を楽しめ」という意味でしばしば引用される、ホラティウスの詩の一節“*carpe diem*”「その日を摘め」になぞらえている）。

昆虫の見方を揺るがす実例

オルガンパイプマッドダーバーと呼ばれるハチの一種（訳注：ジガバチの一種）は、サファイア色の体と翅が、オハイオの夏の午後に陽光を受けて輝く、美しい昆虫だ。数週間の間、わが家の庭に住み着いたハチたちは、それぞれの縄張りを見まわっては決まった場所へと何度も戻り、クモを捕まえて体を麻痺させて卵を産みつけ、生きたまま幼虫たちの餌にしてしまうのだ。

この狩猟行動でハチは多くの物事を主観的な経験として認識していると考えられ、昆虫は思考などしない機械のような生き物だという、長く続いてきた見方を揺るがす。ハチの毒は、クモの筋肉の運動調節能力を奪ってしまう。クモの意思決定の能力は保たれているが、逃げろという指令によって動くことはできなくなっている。

哀れな犠牲者に思い入れをもつか、それとも捕食者が何を思っているのだろうと想像するか、どちらにも興味をそそられる。おそらく、ハチは楽しみながら毒をクモに注ぎこんでいるのだろう。クモにすれば、その状況に困惑していることはほぼ確実だ。動こうと思ってはいるが、脚は動かない（訳注：昆虫の脳のスキャンから、昆虫の脳には意識が宿る容量があること、自己中心的な行動をすることがわかっている）。

私たちが昆虫を、人間よりロボット的なもの、あるいは決まりきったことしかしない生き物だと思っているとしても、昆虫たちは確かに、私たちが人間にしかないと思っている意識というものが、実はもっと幅広いのだという実例を見せてくれるのだ。

生き物の意思決定

昆虫の心に関する研究は、人間と、脳をもつ他の動物たちの意識との間には根本的な違いがあると信じる人々にとって、恐ろしい反論となった。自由意志は、しばしば特別な性質とみなされるが、においに対する昆虫の反応と、私たちがワインをもう一杯飲むか、もうやめるかを決めることとの間に、根本的な違いはない。

ドイツの哲学者アルトゥル・ショーペンハウアーは、自由意志など幻想だと考えていた。「あなたはあなたの望むことは何でもできる。ただ、あなたの人生のいつ何時であっても、あなたが望むことはたった一つで、そのこと以外であることは決してないのだが」

あるチャンスや困難に対して私たちが行う選択は、私たちが信じるほど自由度は高くない。脳が単純で選択肢は少ないものの、同じことは昆虫やセンチュウにもあてはまる。

センチュウの選択行動は、トリュフの刺激的な香りに対する反応を調べることでわかった。センチュウの脳内では3つの神経細胞が回路をつくっていて、それらの活動が、センチュウがにおいを感知したときにどう反応するかを決めている。

方向を変えてにおいのほうへニョロニョロと進んでいくこともあるが、他のことに気を取られていれば方向を変えることなく進み続ける。3つのニューロンの活動状態を変えることで、研究者たちはトリュフの香りに対する反応をコントロールすることができた。センチュウから選択の自由を奪ったのである。

昆虫やセンチュウの行動を見ると、においや他の刺激に対するこれらの動物の反応は確率論的、つまりそこには、特定の反応と関連した、何かが起こりそうだという統計的な可能性がある。

これは、障害物にぶつかったら必ず方向を変えるようにプログラムされた、ロボット掃除機の動きより優れている。もっと知能の高いロボットはこれらの単純な動物たちに似ていて、確率を計算するソフトウェアを備えている。

意識と自由意志という思いこみをはぎ取って本質を見れば、すべての生き物、そしてすべての細胞が、活動したり反応したりするときには何らかの意思決定をしているのだ。

すべての生物は感じ、考え、語り合っている

変形菌（訳注：アメーバの仲間）は朽ち木の上で成長し、アメーバのような動きで移動するが、他の方向ではなく、ある方向へ行けば餌があるということを教えこむことができる。

脳も、神経と呼べるようなものもない生き物だが、パブロフの犬にとってのベル（訳注：イヌに餌とともにベルの音を聞かせ続けると、やがてベルの音だけで唾液が分泌されるようになるという実験）や人間にとってのコーヒー豆をローストする香りと同じように、この微生物も訓練されれば何かに反応するようになるのだ。

海水性の単細胞の藻類にはレンズと網膜を備えた眼があり、影になったことを感知し捕食者や餌となる生き物がいることを知る。多細胞生物と同じように、この驚くべき微生物は視覚的な像を集め、危険から遠ざかったり餌に近づいたりするのだ。

神経系によらない活動の最後の例は菌類のコロニーで、土壌1キログラムあたり130億本もの微細な菌糸をつくることがある。これによって、化学物質をやり取りしてコロニー全体で情報を交換しながら、餌を探したり植物の根に取りついたりするのだ。コロニーの一部が、餌を見つけたという信号を出せば、成長の方向を変えるし、共生したいというメッセージを送ってきた植物に栄養分を送ることもある。すべての生物は感じ、考え、そして語り合っているのだ。

人間以外の動物の脳も、人間の脳と同じ原理に従ってはたらいているが、ただ私たちの脳は体のサイズにしてはとても大きい。ネコの脳はクルミくらいの大きさで、体重の1％より少し少ないくらいだ。人間の脳はマスクメロンくらいの大きさで、体重の2％ほどを占め、摂取カロリーの5分の1を消費している。大型哺乳類は、小型哺乳類より脳が大きい傾向があり、このことを考慮すれば、人間の脳の大きさはオレンジくらいになるはずだ。

この大きさでは、人間として必要な脳の役割を到底こなせそうにないのだが、かつてはこのくらいの大きさの脳で生きていた、人類の親戚がいた。南アフリカに住んでいた、ヒト科に属する小柄なホモ・ナレディ（*Homo naledi*）だ。

人間と近い親戚たちの脳の大きさは、頭蓋骨の化石の容積から推定されたものだが、猿人類の0・5リットルからホモ・エレクトゥス（*Homo erectus*）の1リットル、そして1・

5リットルを超えるネアンデルタール人の脳までかなりばらつきがある。

猿人類の複数の種を含むアウストラロピテクス属は、350万年前にアフリカ東部に広がっており、ホモ・エレクトゥスはアウストラロピテクスから進化してはるか東の中国まで移動した。ネアンデルタール人は現生人類（*Homo sapiens*）の亜種と考える古生物学者もいて、25万年ほど前にはすでにヨーロッパに集中して暮らしていたが（訳注：他に西アジアなどにも住んでいたと考えられている）、4万年前に絶滅した。

ネアンデルタール人は私たちより頑丈な体つきをしていて、視覚もよく、たくさん食べて、脳は人類よりわずかに大きかった。人類と共通の遺伝子があることから、人類はこのたくましい親戚たちと交配していたと思われる。

人類こそが優れた種なのだという出来の悪い主張は、二足歩行する類人猿の頭蓋骨の中で、脳があっという間に目覚ましい大型化を遂げたという事実を根拠に繰り返されるのだ。

知性は武器として進化した

脳を大きくした遺伝子を、人類がなぜもつようになったのかはわかっていないが、説得力のある説はいくつもある。自然選択によって、よい遺伝子をもった生き物が生き残り、役に立たない遺伝子しかもたなかったものは絶滅するので、有効な遺伝子がそうでない遺伝子から選り分けられる。つまり、大きな脳のおかげで私たちの祖先はより多くの子孫を残すことができ、脳を大きくする遺伝子が残ったのだ。

この一番ありそうな説に従えば、人間は褒《ほ》められた動物とは言えなくなる。ホッブズはこのことを最初に、そして最もうまく表現している。「市民社会なき人間の状態（それは自然状態と呼ばれるかもしれないが）は万人の万人に対する闘争でしかない」。この「万人の万人に対する闘争」は、ホッブズの格言として有名なラテン語の一節 *bellum omnium contra omnes* だ。

大きな脳は、捕食者を避けたりうまく獲物を捕らえたりするうえで役に立ち、他のヒト科の種との競争に勝つことにもつながった。私たちの知性は、武器として進化したのだ。先史時代に生きていた私たちの祖先が、より原始的だったヒト科の他の種との戦いで勝利をおさめたことは疑いがない。草原で私たちの祖先に遭遇した不運な種は、棍棒《こんぼう》と槍《やり》で攻撃され、ついには皆殺しにされた。

私たちが環境を変えてしまったために絶滅に至った種もあった。数百万年の間、さまざまな類人猿の種があらわれ、そのほとんどが消えていった。私たちは、ホモ属の唯一の生き残りなのだ。ヨーロッパではネアンデルタール人を、インドネシアでは脳が小さく小柄だったホモ・フローレシエンシス（*Homo floresiensis*）を絶滅に追いやった。

これらの種の絶滅の前には、人間が闊歩《かっぽ》したあらゆる場所で、さまざまな大型哺乳類が絶滅していた。競争相手に対する暴力的な行動には生き残りがかかっていたものの、人間には娯楽として生き物を殺してきたという確かな記録もある。

人間同士での暴力や部族間の戦いは人間の得意とするところで、また人間たちは、急激な人口増加と食料や水の不足のために、大小の集団でアフリカから脱出したようだ。

宇宙一の優れた知性の持ち主

これに対抗する学説として、人類の歴史では性選択、つまり雌が脳の大きな雄を好んだことが重要な役割を果たしたという考え方がある。大きな脳のおかげで芸術的な才能や物語をつくること、踊りなどの特技をもった雄が、雌にとって魅力的だったという説だ。

性選択の結果はすぐにあらわれるので、脳の大型化は、クジャクの羽やシカの角の進化と似たような原理で、やすやすと起こった。また別の生物学者は、協力して狩りをしなければならなかったことや、道具づくりや料理などの特殊な役割を分担するようになったことで、社会的関係が深まっていったために、脳のサイズが増加した可能性に着目している。

人間の賢さには、これらの要素がすべてかかわっていたと考えるのが一番妥当だろう。なぜなら、偉大な軍事戦術家の頭脳は、軍事以外の面でも優《すぐ》れていたと思われるからだ。

ユリウス・カエサルやユリシーズ・S・グラント（訳注：南北戦争の北軍の将軍で、後に第18代アメリカ合衆国大統領となった）はペンでも剣でも優れていたし、ジャンヌ・ダルクは天使のように踊り、ナポレオンはチェスを好んだ。

宇宙一の優れた知性の持ち主――少なくとも、同じ銀河の近い範囲内では――として、私たちは夜空を見上げ、そこに瞬《またた》く星々の間は、旅するとしたらとてつもない時間がかかるほど離れているのだ、などと考えて圧倒されたような気分になる。他の生き物はこんなことを考えたりしない。

そういう意味では、昆虫より人間でよかった、と思えるのだが、大きな脳をもってしまった故の苦しみもある。脳のおかげで、人の意識などはかないもので、「そういう思い出もやがて消える。時が来れば――、涙のように、雨のように」（訳注：映画「ブレードランナー」〈リドリー・スコット監督〉の台詞からの引用。岡枝慎二訳）ということを、私たちは知ってしまった。

大脳辺縁系は、私のような死恐怖症の人間に、「お前はいつか死ぬんだぞ」というメッセージを送ることを決してやめようとしない。だから、次の章で生命の終わりと、それがどう訪れるかを語るのは気が進まない。果たして、希望の光はあるのだろうか。

第7章　死

人生はこうして終わりを迎える

なぜ死があるのか

「一つ、また一つと明かりは消え、やがて漆黒《しっこく》の闇が訪れる」

クリストファー・イシャーウッドは、小説『*A Single Man*（シングルマン）』の中で死をこう描写している。誰もが、これがいつか自分にも訪れることを知っているが、なぜ死というものがあるのかを理解するのは難しい。

聖書では、死はイブが服従よりも知識を望んだことに対する罰だと説明されている。そして、エデンの園の神話の何を信じようと、人生を楽しんでいるときには、死すべき運命が罰と感じられるのは確かだ。

人は死についてあれこれ言うが、その中で死のよい面だと信じられそうなのはたった一つ、次の世代のために場所を空けるということだ。祖父母は、孫たちに道を譲るために身を引かなければならないのだと考えると慰めになる。

実は、人口増加を抑制するためなら、高齢者が死ぬよりも子どもたちがいなくなるほうが効果的なのだが、そんなことは思いもしない。そうだとすると、途方に暮れるしかなくなってしまう。

次の世代が余裕をもって生きられるために高齢者が死ぬことが、もし必要ないのなら、なぜ私たちはよぼよぼの老人になったり、親友の死を目の当たりにしたり、そして備えができているにしてもいないにしても、足早に、あるいはのろのろと自分の終わりに向かって進まなければならないのか。もしこれが誰かのためにならないのだとしたら、おそらく、私たちは死を拒絶したくなるのではないか。

クリストファー・マーロウの戯曲に登場するフォスタス博士（訳注：ファウスト伝説を下敷きにしたマーロウの戯曲『フォスタス博士』の主人公）は、永遠に生きることができると考えたが、劇の最後のシーンで悪魔が登場し、博士は恐れおののいて「ああ、メフォストフィリス！」と叫びながら地獄へと連れ去られていく（クリストファー・マーロウ『カルタゴの女王ダイドウ、フォスタス博士』永石憲吾訳、英潮社フェニックス）。

誰もが迎える運命から、逃れることはできなかったのだ。

進化にとって死とは……

私たちがなぜ年を取り、死んでいくのかについては、臆測の域を出ない仮説がいくつもあった。20世紀の半ばに遺伝子という観点から老化を明確にとらえられるようになり、謎が解けた。答えはこうだ。

生き物は、遺伝子を運ぶ単なる乗り物にすぎない——。役に立つ遺伝子をもてば、その個体は生き残り、そうなれば彼ら、つまり遺伝子たちが将来の世代へ受け継がれる可能性は高くなる。年老いた個体が消えていったとしても、進化には影響しない。死がやってくるのは、老化を防いだところで生物学的には何の意味もないからだ。

人体のメカニズムは、精巣が精子をつくり、卵巣が卵子を放出しはじめるまでは生き延びるようにつくられてきたのであって、そうすることで私たちは新しい人間たちに自分の遺伝子を受け継がせてきたのだ。

しわの寄った老人に、ウサギのように交配し続けることを期待する必要はない。ずっとうまくやってくれる若者たちが、もう育っているのだから。しかし、死ぬという性質が進化上の利点として受け継がれるわけではないので、私たちを殺すことが目的の遺伝子はありそうにない。

肌が弾力性を失ってしわができたりするのは、私たちの細胞の中にある分子の変化が原因だ。きちんと機能しないタンパク質ができたり、そういう不良品を取り除いて質を維持するしくみに間違いが起こりがちになるのだ。

染色体の端に取りつけられて染色体を保護しているキャップが、細胞分裂のたびに短くなっていくのも問題だ。この部分が少しずつ切れて短くなると細胞は劣化し、免疫系の機能が衰えて、加齢に伴う病気を発症することになる。

タンパク質に起こる問題や染色体の末端の短縮によって疲弊した細胞は、ミトコンドリアから放出される反応性の高い物質（訳注：ミトコンドリアで発生する活性酸素は細胞障害を引き起こす）によってさらに傷めつけられ、年を取った核は死にゆく恒星のように膨張していく。

加齢は避けられない。なぜなら、進化というものは、受精卵から次世代の受精卵をつくる大人の体ができあがるまでの遺伝的プログラムが改良される方向に、もっぱら進んでいくものだからだ。

エントロピー増加が意味すること

年老いた細胞の中に欠陥のある分子が蓄積していくことは、病気の増加、言葉を換えれば宇宙で起こっているのと同じエントロピーの増加のあらわれだ。

エントロピーの法則は、熱力学第二法則で次のように示される。

$\Delta S = \delta Q/T$

ここで、ΔSはエントロピーの変化、δQは熱の移動、Tは温度だ。この数式は、私たちの体温は遅かれ早かれ、ではなく、すぐにも周囲に逃げていってしまい（δQ）、周囲の温度（T）と同じになることを示している。旧式の体温計で水銀の目盛りが上がったのを確かめてから、それをテーブルの上に置いておくと、目盛りは下がっていく。

「私は生きている――おそらく」と、エミリー・ディキンソンは書いている。ジャーナリストで作家のクリストファー・ヒッチェンズは、亡くなる前の数ヵ月間、エントロピーの感覚を「水に入れられた砂糖の塊のように、無力感の中に溶けこんでいく」ようだと表現している。

生きている間、私たちの体は冷えていく宇宙に浮かぶ、秩序ある分子でできた島なのだ。エントロピーは、遺伝子発現のエラーが蓄積していくこと、そしてウイルスや環境中にある有毒物の過剰によって引き起こされる損傷の増加からも明らかだ。

寿命が、現在言われている最高記録の122歳と数ヵ月（訳注：長寿の最高記録はフランス人女性ジャンヌ＝ルイーズ・カルマンの122歳164日とされるが、この記録には疑義もある）を超えられそうになく、3万3000日を超える人生を享受できる人はあんまり多くないのはこのためだ。

人間はほとんどの脊椎動物よりも長生きで、オーストラリアには2ヵ月しか生きない魚もいるほどだが、一方で300歳の誕生日を迎えることができるらしいニシオンデンザメに比べれば短命だ。

無脊椎動物も加えれば、もぞもぞと動きながらわずか3日しか生きられないセンチュウもいれば、アイスランドガイ（訳注：二枚貝の一種。貝殻にできる年輪のような模様から年齢を推定でき、５０７歳という記録は動物で最長とされる）は海岸の泥の中で５００年以上生きる。

サメや貝がこれほど長生きできるのなら、と、寿命を延ばす研究に没頭する人々がいる。ホルモン補充療法、ビタミン、酵素、抗ウイルス薬、魚油、植物抽出物、乾燥マッシュルームなどさまざまだ。

伝統的な中国医学は、不死になれるという奇跡的な治療法が数々謳《うた》われていて、その材料にされて絶滅の危機にさらされている種もいるほどだが、サイの角の粉末やセンザンコウの鱗《うろこ》をいくら飲んでも不死になれる人などいない。

カリフォルニア州で行われている頭部冷凍保存も、あてにならないという意味では、死体から取り出した臓器を亜麻布《あまぎれ》に包んでピラミッド型の容器に保存するのと同程度だ。冷凍保存技術を一番熱心に追究している人々でさえ、結果には懐疑的だ。というのも、自分の頭を死ぬ前に液体窒素中に保存する人はいないからだ。

脳をコンピュータにアップロード？

死に至る過程を恐れるのは、死後への恐れより理にかなっているだろう。死ぬとしても苦しみたくないと誰もが思うし、死ぬことで苦痛から逃れられるとしても、楽しいこともあるかもしれない未来が無くなるのは悲しいと感じる人がほとんどだ。

古代ローマの詩人で快楽主義者のルクレティウスは、生まれる前も死後も同じようなものだ――つまり、生まれる前に、自分のいない長い年月がすでに流れている、と考えてみればいい、という愉快な主張でいくらかの希望を与えてくれている。

それはそれでよいのだが、現代のファラオたちは、古代から変わらない熱意で輪廻転生《りんねてんしょう》を追い求めていて、脳をコンピュータにアップロードすることで、コンピュータ内の情報として生き続けられると考えている。

精神転送という疑似科学が実現可能かどうかの研究では、一つの脳に1ペタバイト（10^{15}バイト）の記憶容量のあるコンピュータが必要になるらしいことが示された。

これは問題だ。少なくともこの原稿を書いている時点で、世界最大のシングルメモリコンピュータはヒューレット・パッカード社製のものだが、記憶容量はわずか160テラバイト（脳のおよそ6分の1）しかないのだから。人間はコピーするには賢すぎるようで、地域の集会で妙に親しげに接してくる近隣住民の名前が思い出せないこともあるにしては、私たちの脳に備わった実力が素晴らしく高く評価されたと言えそうだ。

この矛盾《むじゅん》の原因は、脳の情報貯蔵能力と処理スピードの差にある。ニューロンを伝わる情報は、コンピュータチップ内を流れるギガヘルツ（訳注：10^9）レベルの速度と比べれば遅いので、集会が進むうちにだんだんと思い出したりするのだ。

不死への期待

脳の複製という大胆な試みには、計り知れないほどの技術的障害が立ちはだかっていて、脳の細胞内にどうやって情報が蓄積されるかがわかるまでは、超一流の演奏家などは言うまでもなく、ショウジョウバエの脳さえ再現できないだろう。

たとえそれらの問題を解決できて、脳を再現した装置をつくり、はたらかせることができたとしても、この合成された「もう一人の自分」が経験することは、そのもとになった人物の過去の人生とはまったくの別物だ。

天使になれるかもしれないが、怪物になる可能性もある。――一卵性双生児の片方が死んだとして、その死者が生き残った兄弟姉妹の中で生き続けるなどということがあるだろうか、と考えてみればいい。

心の中で、というなら確かにあるだろうが、死者が生き返るわけではない。ルクレティウスから2000年が経つが、不死という幻想は、ホモ・ナルキッソス（*Homo narcissus*）の特徴である身勝手さを大いに発揮しながら続いているのだ。

不死への期待から、人間とはまったく別の生き物の価値が高まっている。微生物は、もうずっと前にこれを成し遂げているのだ。

栄養分となる糖が豊富にあると、酵母の細胞は自分の染色体を複製し、細胞の表面が芽を出すように突出したところに新しくできた1組の染色体を押しこむ（訳注：酵母の増殖様式で、出芽と呼ばれる）。1個の酵母、つまり母細胞は、長ければ1週間もこうした分裂を続け、20個ほどの芽——娘細胞ともいわれる——がつながったような形になる。最後には、遺伝子発現やタンパク質の分解と再利用がうまくいかなくなり、母細胞はそれ以上増殖することができなくなる。しかし、それぞれの娘細胞はまた同じことができ、出芽して自分の家族をつくっていくのだ。

ここでは、見事な若返りが起こっていて、母細胞に起こっていた老化は、出芽でできた娘細胞では解消されているのだ。これによって、酵母ではある種の不死が実現されている。1つの酵母はやがて死ぬが、そのゲノムは出芽でできた酵母に受け継がれている。

哺乳類にはこれは不可能だ。せいぜいできることといえば、遺伝子の半分をわが子に受け継がせることでしかない。孫では4分の1だ。こうして、私がもっていた遺伝子のセットは、別の誰かから受け継がれた遺伝子と混ざっていき、数世代もすれば雲散霧消してしまうのだ。

クラゲの若返り

不死と言える動物の中で一番複雑な構造をもつのは、クラゲだ。クラゲの一生は海の中を泳ぐ小さな幼生の時期から始まり、集まってコロニーをつくり海底に固着して成長し、やがて分裂して、傘が長い触手を引いてゆらゆらと泳ぐ、おなじみのクラゲの姿になる。傘で卵子と精子ができ、受精卵がまた幼生となる。海にすむこの生き物の中には、縮んで触手がなくなり、固着生活をするコロニーの段階に逆戻りするという、驚くべき能力をもつものがある。

これは、蝶が幼虫に戻ったり、引退してシニアタウンで暮らす高齢者が、朝起きてみると子どもに戻っていた、というのと同じくらい信じられないことだ。

クラゲの若返りは、海水を入れた水槽で育てても起こるが、自然界で何回繰り返せるかはわかっていない（訳注：チチュウカイベニクラゲでは、京都大学の研究で10回繰り返せたことが確認されている）。とはいえ、年を取って死ぬこともあれば、海では捕食者に食べられてしまうこともあるので、このクラゲも一番有効な生殖方法として有性生殖もやめてはいない。

損傷を受けた細胞や衰えた臓器の再活性化をめざす再生医学の専門家たちは、クラゲがもつ若返り能力に大いに刺激を受けた。成長過程にこのような可塑性《かそせい》があるのだから、人間も体のすり減った部分を新しい組織と交換できるのではないかという希望を抱かせた。

このような試みで最も希望がもてるのは、人間の幹細胞を使った実験的な治療だ。幹細胞とは、特定の細胞になることが決まっておらず、将来さまざまな細胞になれる可能性を残している細胞のことだ。

人体にある200種類以上の細胞は（訳注：人体には250〜350種類の細胞があるとされる）、すべて受精卵が細胞分裂してできたものだ。受精卵からあまり時間がたっていない、球状の胚盤胞の時期の細胞は、将来どんな細胞にもなれる自由度をもっている。だから、胚の細胞は医学的にとても重要なのだが、病気の治療のためにこれらの細胞を使うことには、重大な倫理上の問題がある。

骨髄の中にある幹細胞を使う方法もあるが、この幹細胞からつくれるのは血球系の細胞だけだ（訳注：骨髄の造血幹細胞は、赤血球、白血球、血小板などになる）。臍帯《さいたい》や胎盤から集められる血液にも幹細胞が含まれていて、倫理上の問題は小さいので血液の病気の治療に使うことができる。

幹細胞治療は、命にかかわるその他さまざまな病気の治療に希望を与えるが、熱力学の第二法則に基づいて定められた寿命の限界を超えて生きられるようになるか、という点で言えば、頭部の冷凍保存と同じくらい心許《こころもと》ない。

シェイクスピアは『シンベリン』（松岡和子訳、筑摩書房）の葬送の歌にこんなふうに書いている。「金色の少年少女も、煤《すす》まみれの／煙突掃除夫も、みな塵《ちり》にかえる」

死因をめぐって

私たちはどのように死ぬことになるのだろうか。心臓は30億回ほど拍動すると限界を迎えるらしく（訳注：アメリカの死因第1位は心疾患）、がんによる組織の損傷による死亡がこれに次ぐ僅差の第2位だ。３番目に多いのは、慢性閉塞性肺疾患による呼吸不全だ。

先進国の国民の半分は、これら３つの病気のどれかで人生を終えることになる。事故と脳卒中も、死因の10位までに入っている。統計で見ると、これら以外の死因となる病《やまい》には、それほど多くはないもののアルツハイマー病（発見者である医師アロイス・アルツハイマーにちなんで名づけられた。アルツハイマー自身は51歳で心臓病のため死去）やパーキンソン病（ジェームズ・パーキンソンにちなんで名づけられた。パーキンソン自身は69歳で脳卒中のため死去）、そして肝疾患や腎疾患がある。

医師が科学に基づいた治療を始める前は、感染症で命を落とす人が多かった。公衆衛生に関心が払われ、産科医や外科医が手を洗うようになり、そしてワクチンや抗生物質が開発されたおかげで長生きはできるようになったが、そのおかげで心臓の筋肉が疲れ果てたり、増殖のブレーキが利かない細胞があらわれてあちこちに腫瘍ができるようになったのだ。

高価な薬やきれいな水が手に入らない貧しい地域では、病原体が引き起こすエイズや肺炎、下痢やマラリアで命を落とす人々が相変わらず多い。内戦や他国との紛争が続く地域では、爆発物による死亡のリスクもある。

いずれにせよ、運命の女神はロタ・フォルトゥーナ、つまり運命の輪を回し、私たちはいずれ消え去るのだ。死亡者の1%以上が、縊死《いし》、銃、毒物、飛び降りなどによって自ら死を選び取った人々だ。

グリーンランド（訳注：デンマーク領だが自治政府がある）は世界で最も自殺率が高く、この極寒の島の住人の4分の1が、陰鬱《いんうつ》な人生のどこかで自殺を試みるという。

死ぬことも生きること？

グリーンランドの住人であれその他の人々であれ、私たちが普通死ぬ瞬間だと思っているのは、実際にはそうではなく、遺伝子レベルでみれば、最後の息を吐き出した後も長時間にわたって、くすぶり続ける火のように生命活動は続いている。

スペインで行われた死亡直後の死体の研究では、心筋の形成にかかわる遺伝子や、炎症をコントロールし組織を保護する遺伝子は活動状態を保っていることがわかった。体は、心臓を蘇生《そせい》させようとすることで酸素レベルの低下に対応しているようだ。その他にも、胚の成長過程で心臓を形づくっていく遺伝子群が死後に活性化することからも、この解釈は裏づけられる。

これらの遺伝子は、私たちが子宮を出るといったんはスイッチオフの状態になるが、心停止後に再び活性化するのは、道具箱の奥から、長い間使っていなかった道具を探し出すのにも似ている。

死んでいく間にも、私たちは生きているのだ。「わしらにもいささかは若い血潮が残っとりますからな」（訳注：シェイクスピア『ウィンザーの陽気な女房たち』の老いた治安判事シャローの台詞）。

弱っていく心臓になんとか継ぎを当てることができたとしても、腸では細菌たちの反乱が起こっている。酸素を必要とする腸内細菌は呼吸しようと喘《あえ》ぎ、栄養分が流れてこなくなったためにすべての細菌が騒然となる（訳注：人間の腸内細菌の大部分は酸素を必要としない細菌だが、一部に酸素を必要とする細菌が含まれる）。

腸壁をつくる細胞は酸素不足で壊れはじめ、酸欠の影響を受けない腸内細菌の格好の餌となる。免疫システムがはたらかなければ、悪さをする微生物を退治することはできず、この極小のならず者たちは防護壁を越えて広がり、私たちの体を内側から食べ尽くしていくのだ。

外界や体内にいる微生物たち、続いて昆虫やセンチュウのような小さな生き物が、やわらかい組織のかけらを消化していく。髭《ひげ》の生えたネズミの仲間が硬い部分をかじり、鳥たちが舞い降りてきて、ついばんだり引っ張り出したりして食べる。歯やくちばしで砕かれて骨は形を失っていき、やがてはゆっくりと土に還るのだ。

宇宙から見れば人の一生などはかないものだと悟り、そして魂《たましい》が生き続けるなどと信じず、死後の「墓の中で朽ちつつ横たわる（訳注：急進的な奴隷制度廃止論者で、1859年に州の武器庫襲撃を計画して逮捕され絞首刑となったジョン・ブラウンを讃《たた》える「ジョン・ブラウンの屍」からの引用）」日々を思えば、遺体が腐敗していくさまもそれほど痛ましくはないかもしれない。そのためには、難しいことではあるが、私たちの自己中心的な衝動を抑え、私たちは孤立した存在としてではなく生態系の一部として生きているのだという真実に意識を向けなければならない。

あなたも私も死を免れない哺乳類で、人間と細菌の共生体であり、そこでは栄養分や化学物質によるシグナルを分かち合い、腸で生きる多彩でにぎやかな細菌たちをうまくまとめあげてくれている免疫系のおかげで生きているのだ。

食欲や気分さえも、微生物と人間の間で交わされる化学物質のやり取りの影響を受けている。私たちは、この共同生活を体で感じることはないが、私たちが私だと感じているのは、実は私たちだ。

「我思う、故に我あり（*cogito ergo sum*）」ではなく、*Cogitamus ergo sum*、つまり「我々は思う、故に我あり」、なのだ。これは仏教徒にとっては自明だし、コーランもイスラム教徒にこう教えている。「地を行くけものでも、羽をひろげて飛ぶ鳥でも、みな汝ら（人間）と同じようにそれぞれ集団をなしている（6：38）」（『コーラン（上）』井筒俊彦訳、岩波書店）。

自分という存在を思い、愛し、愛されていると感じ、そしてとても幸運なことに、宇宙の片隅にいながら顕微鏡や望遠鏡をのぞき、自分がここにいる理由をおぼろげながらも見いだしながら生きたその体は、私たちの死とともにばらばらの分子となって、またもとの場所へと還っていくのだ。

4人目のクリストファーの言葉

死についてのクリストファー・イシャーウッド、クリストファー・マーロウ、そしてクリストファー・ヒッチェンズの言葉を引用したので、この章の最後は4人目の有名なクリストファーのお話から、もっと楽観的な言葉を引用して締めくくろう（A・A・ミルン『プー横町にたった家』石井桃子訳、岩波書店）。

クリストファー・ロビンは、森から橋のほうへやってきました。とてもはればれと、のんきな気分で、19かける2がいくつだって、どうでもいい――ほんとに、そういう日には、どうだってよくなってしまうものですからね――という気もちになり、橋のいちばん下の横木にのっかって、からだをのりだし、ゆっくり下を流れてゆく川をながめたら、わからなくてはいけないことは、きゅうになにもかもわかってしまって、そうしたら、プーに――よくわからないことのあるプーに話してやれる、などとかんがえながらやってきたのでした。

第8章　偉業

こうして人類は進歩してきた

フランシス・ベーコンの願い

2016年、テロから逃れた人々の安全地帯であったはずのキャンプ地で、2人のテロリストによる自爆テロが起こり、58人のナイジェリア人が殺害された。そしてまさにこの同じ日、国際的な物理学者チームが、2つのブラックホールの衝突で発生した重力波の検出に成功したと発表した。

人間という種が愚行を犯さない日はないが、科学の成果が、それをいくらかでも埋め合わせしていくのだろう。実用的な利益があるかどうかわからなかったり、あるいはまったくないとしても、謎に満ちた自然界を照らす知識の光は、私たちに喜びをもたらしてくれる。

ホモ・ナルキッソス（*Homo narcissus*）が神に祝福される存在になったのは、科学が成し遂げた偉業のおかげだ。カール・セーガンは、「科学は単なる知識の寄せ集めではなく、思考の方法である」と語っていて、だからこそ、科学的な思考は誰もが学ぶべきなのだ。

現代科学の経験的な方法の祖となった17世紀の哲学者フランシス・ベーコンは、自然の美に対してはセーガンほど感傷的ではなかった。ベーコンは、知識とは「楽しみ、争い、他者に対する優越、利益、名声、力、またはこのようないかなる些末事《さまつじ》のためではなく、利益のためであり生活に役立てるためのもの」（訳注：ベーコンの著作『*Instauratio Magna*（大刷新）』の序章からの引用）だと信じていた。

ベーコンは、当時の科学の進歩がひどく遅いことに苛立《いらだ》ち、その責任は、長い間権威とされてきたアリストテレスにあると考えていた。というのも、アリストテレスは「自然哲学を、自らの論理に奉仕するだけのものとみなしていて、役に立たない無益な議論にすぎないと考えていた」からだ。

アリストテレスは、注意深い思考と教養に裏づけられた推論が、私たちを真実に導くと述べている。このような演繹的《えんえきてき》な方法（訳注：一般的かつ普遍的な事実を前提として、そこから結論を導き出す方法のこと）がとても有効になり得ることは、経験からも明らかだが、もしたった一つの間違った仮説しか立てられなかったら、私たちは誤った方向へ導かれてしまい、たいへんな不利益を被《こうむ》るだろう。

ベーコンは、人間が進歩の速度を上げ、優《すぐ》れた帰納的推論、すなわち実験によって事実を集め、それに基づいて答えを見つけ出す能力を身につけることを願っていた。

最大の発見

西洋諸国での科学の発展については、本章で、そして本書全体で取りあげている。西洋中心主義との批判もありそうだが、このことに議論の余地はない。ベーコンが提唱した方法のおかげで私たちはここまでたどり着いたのだから、ここではシュメールの農耕、ペルシャの天文学、中国の化学にあまり重きを置くのはやめておこう。

科学界がひどく男性優位であることも確かだ。その理由づけはどれも擁護のしようがないのだが、名を残している科学者はほとんど男ばかりだ。そういう抗議をしっかりと心にとどめながら、人間が過去400年の間に成し遂げた素晴らしい科学的発見の例を挙げてみよう。

ガリレオ・ガリレイは地球が宇宙の中心でなく惑星にすぎないと唱え、アイザック・ニュートンは地球がどうやって、そしてなぜ太陽の周りを回っているのかを明らかにした。ペストが蔓延《まんえん》していたロンドンで、ロバート・フックは顕微鏡で見たノミやシラミの詳細な姿を巨大サイズに描いて人々を驚かせた。19世紀には、チャールズ・ダーウィンが唱えた自然選択説が、ビクトリア朝時代の人々に衝撃を与えた。

20世紀に入ると、アルバート・アインシュタインが時間と空間は同じものだと看破したことで、物理学の様相は一変した。しかし、私の考えでは、これらを超える科学の光を投げかけたのは、1950年代になされたある発見だった。DNAの分子構造の解明である。

DNAの構造解明にまつわる逸話《いつわ》はよく知られている。ジェームズ・ワトソンとフランシス・クリックは、ＤＮＡ分子の中で構成要素である化学物質がどのように結びついているか、という問題を、厚紙と薄い金属板を切り抜いて分子模型をつくるという方法で解決してみせた。

ワトソンは、厚紙片を机の上で並べ替えてみるうちに、二重らせんの内側に位置する「塩基《えんき》」と呼ばれる部分の配列がひらめき、そしてあの有名なＤＮＡの三次元構造の金属製模型が組み立てられた。

ＤＮＡの構造に関する重要な手がかりは、繊維状のＤＮＡ分子にX線を照射して、散乱パターンを写真撮影することに成功したロザリンド・フランクリンの実験にあった。ワトソンはフランクリンが集めた情報を彼女に断りなく使ったにもかかわらず、彼女の研究の重要性を認めようとしなかったために、一部の生物学者の批判を浴びた。

ワトソンが良識を欠いていたことを擁護するつもりはないが、当時の彼は24歳の野心的な科学者で、分子生物学という新興の分野で次の大発見をなしとげようと必死になっている、強力なライバルたちとの過酷な競争に身を置いていたのだから、熱意が行きすぎることもあったのだろう。

誰がＤＮＡの構造解明に成功してもおかしくなく、そしてその人物がいずれノーベル賞を手にすることは確実だったのだ。

DNAの謎解き

ＤＮＡには別の興味深い裏話があるが、それはライナス・ポーリングが一番乗りを逃したこと、そしてユニバーシティ・カレッジ・ノッティンガム（訳注：現ノッティンガム大学。１９４８年以前はロンドン大学のカレッジだったためこう呼ばれていた）の研究者たちが、顰《ひん》蹙《しゅく》を買う行為もなく、ワトソンらより10年も前にこの謎の解明に近づいていたことだ。

ポーリングは、分子内で原子どうしを結びつけている化学結合の専門家で、タンパク質分子が折りたたまれ、ねじれることで、タンパク質がはたらくためにとても重要な立体構造をつくるしくみを解明した。しかし、ＤＮＡの構造解明では、ポーリングはいくつかの根本的なミスを犯してしまった。

何を誤ったのかを説明するには、まずＤＮＡの実際の構造を考えてみる必要がある。ＤＮＡの構造は、両側の手すりの間に段がある、らせん階段に似ている。ＤＮＡとは「デオキシリボヌクレオチド核酸」の略称だ。デオキシリボースと呼ばれる糖はこの手すりの部分にあり、リン酸を介してつながり鎖をつくっているが、水中では、ここに含まれている酸素から結びついていた水素イオン（H^+）が離れる。

正の電荷をもったイオンが離れるので、残った酸素は負となる。水中で水素イオンを放出する物質が「酸」と呼ばれるが、これらの負の電荷をもつ部分は「手すり」の外側、つまり段とは反対側にある。

ポーリングはＤＮＡにはこの「手すり」が３本あり、分子の真ん中に集まっていて、そこから踏み台の半分ずつが、外側を向いて突き出していると考えた。まるで筒型のブローブラシのような形だ。

リン酸が分子の内側にあることになり、ＤＮＡが酸としてふるまう、つまりリン酸からH^+を放出して負電荷をもつことと矛盾《むじゅん》する。負の電荷をもつ部分を分子の内側に押しこもうとすれば互いに反発するからだ。そもそも、これでは反発力で分子がばらばらになってしまうだろう。

しかし、ポーリングは１９５３年に、実際のＤＮＡとは内側と外側が逆の分子モデルを発表した。ＤＮＡの謎を解くことで名声を得ようとするあまり、我を忘れていたのだ。ポーリングの名誉のためにつけ加えておくと、彼は１９５４年に、化学結合に関する業績でノーベル賞を受賞している。ポーリングは自分自身の才能に溺《おぼ》れて、自分が間違いを犯すはずがないと信じこんでいたのだ。

世紀の大発見

ユニバーシティ・カレッジ・ノッティンガムの化学者たちは、当時は学界でそれほど名を知られた存在ではなかった。彼らは1940年代に、DNAは、塩基と呼ばれる物質の間の特殊な結合によって結びついた2本の鎖からできているという考えを提唱した。

2本の鎖は梯子《はしご》の両側の枠で、塩基対はその間の横桟《よこざん》のようになっているというのだ。このモデルは、精製したDNAを酸性度のより高い、または低い環境に置くと、分子の構造が壊れることを示した実験に基づいていた。つまり、ここで分子の形を維持していた結合は、水素原子によってつくられていたことになる。

チームの最年少メンバーだったマイケル・クリースは、DNA分子をらせん状でなくまっすぐな梯子として模式図を描いた。真実とは、まさに紙一重だった。もしも、1948年にこの大学を訪れたライナス・ポーリングがクリースとその共同研究者たちに出会っていたら、あのような過ちはせずにすんだかもしれない。

ワトソンは、ノッティンガムの化学者たちが発表した研究を見たが、最初はその重要性を見逃していた。自分の研究がさらに深まってから、彼らの論文を読み返し、自分の間違いに気づいて、クリックとともに、数日でDNAの構成成分の正しい配置にたどり着いたのだ。

１９５３年、二人はＤＮＡの構造に関する論文を発表し、ロザリンド・フランクリンらの研究チームの主任だったモーリス・ウィルキンスとともに、１９６２年にノーベル賞（訳注：生理学・医学賞）を受賞した。

ノーベル賞の受賞者は、複数人による業績であっても３人までと決められているので、もしフランクリンが１９５８年に卵巣がんで他界していなければ、ストックホルムで受賞者としてステージに上がったのはウィルキンスではなく彼女だったのだろうか、と考えたくなる。

ワトソンとクリックが実際に行った実験は多くなく、ある意味、彼らは込み入って時間のかかることをやらなくてよかったおかげで、数週間で完成させることができたのだとも言える。

この最強の二人組は、豊富な知識に基づく優れた推論を重視したという意味で、とてもアリストテレス的だった。しかし、競争の決着ではなく、ＤＮＡの構造解明をめぐるドラマの全体像を見ると、帰納法による方法が果たした役割は明らかだ。

ワトソンとクリックは、他の多くの研究者が集めた情報に頼って成功したのだ。その研究者らこそ、小さいけれど、それがなければ正しい結論にたどり着けなかったような情報をもたらした功労者なのだ。

実際には、DNAの研究はこれよりさらに1世紀も前に、スイスの化学者フリードリッヒ・ミーシャが、傷口の包帯を洗って集めた膿《うみ》に含まれる細胞から、核酸とタンパク質の混合物を分離したことで始まった。

DNAは驚くほど美しい分子だ。数十億年もの間、絶えることなく続いた生物の系統に宿ることで、情報を伝える乗り物としての役割を果たしてきた物質で、そのためにはこの見事な対称構造をもつ必要があった。

2本の鎖の構造的な関係は「相補的」と言われ、同じ情報を含んでいるので、1本ずつに分かれて、それぞれを鋳型《いがた》としてもう1本の鎖をつくることができるのだ。この生命の設計図——人間のゲノムではA、T、G、Cという4つの文字が合計30億対も並んで書かれている——は、細胞が分裂するたびに複製されなければならない。

ワトソンとクリックがDNAの分子構造を思いついたとき、すぐに二人はDNAが複製されるしくみを予想することができた。

二人による二重らせん構造の解明は、歴史上最も偉大な科学的業績の一つだ。こう評価することは、人間の本性をむき出しにし、結果として生まれたバイオテクノロジーが医学の方法を変えてしまったことから見ても、人間の勝手な人間中心主義の色合いが強い。

他の科学的進歩もそれぞれ興味深くはあるのだが、私たち人間にこれほど影響を与えたものはほかにない。重力波の検出のような、宇宙論における大発見にもわくわくするとはいえ、人間だけにかかわることではない。実際、宇宙物理学者によるこれらの発見の数々によって、宇宙の偉大さに比べれば人間などちっぽけなものだ、と思い知らされる。

バイオテクノロジーへの道

グレゴール・メンデルは、生物の特徴が情報の単位という形で世代から次の世代へと受け継がれていくことを示した。エンドウマメを使って、普通の草丈のものと草丈の低いものをかけ合わせて次の世代をつくり、それらどうしをかけ合わせると、普通の草丈と低い草丈のものが決まった割合でできた。

草丈を高くするか低くするかが、化学物質によってどのように伝わるのかは、メンデルには知る由もなかったが、親となる植物の間でやり取りされる何かが、子孫の背丈という特徴に作用しているということはわかった。

ＤＮＡの構造が解明されると、メンデルが抱いた疑問は解決された。そして遺伝学者たちは、遺伝子がどうはたらくかを理解できるようになったのだ。遺伝子の解明が進むとともに、突然変異によって起こる遺伝子の変化が、進化による生物の改良をもたらしたしくみが明らかになった。

こうして探究を続けた20世紀後半の科学者たちは、生物学の大きな問題の答えを見つけ出していった。遺伝子の全貌が次第に明らかにされ、ついに科学者たちは、生命の全体像を理解できるようになった。

私たちは、科学によるこのような探究の恩恵を受けている。二重らせんは私たちの内なる声だ。私たちはＤＮＡであり、それ以上でも以下でもない。美女も野獣も、すべてはらせん階段のようなこの分子の中に秘められているのだ。

今ではＤＮＡ研究の成果の実用化も広がりつつある。ＤＮＡの遺伝暗号を読み取ったり、実験室で変異を起こしたり、別の種のＤＮＡを組みこんだりすることができるようになった。その結果、今ではバイオテクノロジーによって、微生物を有効な薬剤成分をつくるための製造工場に変えることもできる。

さまざまな遺伝性疾患の原因を特定することも可能になったので、どの型の遺伝子をもつかによって、ある慢性病にかかりやすいか否《いな》かを予測することもできる。分子遺伝学の技術を使って、私たちの祖先を探し出したり、父親が誰かを特定したり、あるいは事件現場にわずかに残された遺伝子を増幅することで犯罪捜査にも活用されている。

ワトソンとクリックは、このような進歩に直接的な役割を果たしたわけではないが、二重らせん構造が解明されていなければ、私たちはいろいろな問題を未解決のまま抱えていただろう。

医学への応用

ＤＮＡの解明が人類にもたらした新たな能力の格好の実例が、遺伝子組み換え微生物をつくる技術であることは疑いない。人間の遺伝子をもつ細菌や酵母を使ってつくられた最初のタンパク質はインスリンだ。インスリンはタンパク質としては単純で、新体操のリボンのようならせん形をした部分をもつアミノ酸鎖が２本、化学結合でつながってできている。

この構造を解明したのはドロシー・ホジキンだったが、彼女もまた有能な科学者だった。ホジキンはロザリンド・フランクリンと同じくＸ線結晶学の手法を使って生体物質の分析を行っていた。

インスリンの結晶のはっきりした姿をとらえるまでに30年もかかったので、この研究が完成する前に別の業績でノーベル賞を受賞した（訳注：１９６４年にノーベル化学賞受賞。インスリンの構造決定は１９６９年に成し遂げられた）。

インスリンは、ＤＮＡのように魅惑的な対称構造をもってはいないが、インスリンがなければ私たちの細胞は血液から糖を取りこむことができず、栄養不足に陥《おちい》ってしまうだろう。ブタから抽出したインスリンを注入するという治療法が行われるようになるまでは、患者は失明、四肢の壊死《えし》による切断、脳卒中や心臓発作に見舞われ、腎不全で命を落としていた。

糖尿病の症状のいくつかは、絶食療法で進行を遅らせることができたものの、病魔に苦しむ人生を1、2年延ばすことができただけだった。苦痛を和らげるためにアヘンが使われたが、それ以外に治療法はなかった。

血糖値をコントロールするためのブタのインスリンによる治療は1920年代に始まったが、人間のインスリン遺伝子の遺伝暗号が解読されると、細菌と酵母に人間のインスリン遺伝子が組みこまれ、インスリンが生産されるようになるまで、さほど時間はかからなかった。

こんなことができるのは、微生物のDNAも人間と同じくA、T、G、Cという文字で書かれていて、細菌や酵母も遺伝暗号は人間と同じで、さらに遺伝暗号を読み取ってその通りにタンパク質をつくる装置も共通だからだ。

分子医学の究極の目標は、ゲノムの中にある問題が原因で起こる病気を、すべてなくしてしまうことだ。方法は一見単純だ。異常のある遺伝子をまったく正常な遺伝情報をもつ

ＤＮＡに置き換えれば、正常なタンパク質がつくられるようになるので病気は治《なお》る。

人類は過去30年、この壮大な試みに取り組んできた。遺伝子治療は急速に進歩しつつあり、製薬企業は筋ジストロフィー、嚢胞性線維症《のうほうせいせんいしょう》、膀胱《ぼうこう》がん、子宮頸《けい》がんなど、さまざまな遺伝子の病気の治療法を開発中である。

１９８９年、嚢胞性線維症の原因遺伝子ＣＦＴＲが突き止められた。ＣＦＴＲ遺伝子に変異があると嚢胞性線維症を発症するのだが、これは塩化物イオンの細胞への出入りを調節するタンパク質の遺伝子だ。変異によって塩化物イオンの流れが止まり、粘液の粘り気が強くなり肺に溜まってしまう。

特定の病気の原因となる遺伝子が特定されたのは、これが初めてだった。嚢胞性線維症は間もなく治療できるようになるだろうと思われた。たった一つの遺伝子を書き直せばいいだけだ。だが、事はそれほど簡単ではなかった。

有望な遺伝子治療のほとんどで、治療が必要な遺伝子の正常バージョンを細胞に送りこむためにウイルスが使われていて、それによって正常なタンパク質が十分つくられるようになれば病気は治療できる。嚢胞性線維症では、肺に溜まった粘液が邪魔をして、このウイルスが細胞に取りこまれなかったため、この治療法は成功しなかった。

別の方法では、肺の内側表面を覆《おお》う細胞を次々置き換えることも考えられたが、この方法では、患者は遺伝子を組み換えられたウイルスを何度も投与されることになる。さらに、CFTR遺伝子は、肺だけでなく体のすべての組織で発現しているので、嚢胞性線維症患者は肺以外の臓器にも症状があらわれるという問題がある。

一方、血友病の治療の見通しは、これよりかなり明るい。血友病患者では血液を凝固させるタンパク質の遺伝子が失われているので、ウイルスを使ってこの遺伝子を入れる臨床試験が行われ、子どもの頃から出血が止まりにくく苦しんできた大人の患者で、傷が早く治るようになったなど、よい結果が得られている。

それでも科学は素晴らしい

病気の新たな治療法は、ベーコンの主張である「利益のためであり生活に役立てる（ここでの「生活」は人間の生活のことだ）」目的で自然を操作することの完璧な実例だ。ベーコンの時代から400年、この「実用化できる」という論点は、科学研究の資金を調達しようとするときに必ず出てくる理由づけになっている。

視野の狭い政治家、特にアメリカの政治家は、研究計画の題名に子どもの病気が入っていれば承認するが、ショウジョウバエを使った実験となると、人間の病気のモデルとして重要だとは考えもせず、馬鹿にしたような態度をとる。

彼らは、自分が理解できないことは信じようとしないのだ。人間の役に立つと言い張らない、ハエの研究それ自体を目的とした計画に資金提供することは、ほとんどの納税者にとっては受け入れにくい。だから科学者たちは、自分がやっている研究が多くのホモ・ナルキッソス（*Homo narcissus*）の生活をこんなふうに向上させるのですよ、と懸命にアピールするのだ。

科学研究のより熱心な推進派の人々は、次の大発見はどこで生まれるか予想できないのだから、どんな研究にも資金が提供されるべきだと主張する。

大躍進を予測するのが難しいのは事実なのだが、かなり自信をもって言えるのは、探究される分野のほとんどは結果が出たとしてもそれだけで終わり、人々の役に立ったり、興味をひいたりすることは決してないだろうということだ。

私が専門とする菌類の生物学にも、先の見通しのない研究はいくらでもある。思慮深い昆虫学者や素粒子物理学者は、あまり確信はないが自分たちの専門分野も同じようなものだ、と認めるだろうが、私たちは出版の匿名査読《とくめいさどく》（訳注：査読とは、学術誌に投稿された論文が掲載に値するかどうかを判断するために、同じ分野の専門家などが検証、評価すること。匿名査読とは、投稿者と査読者がお互いに誰かわからないようにして行われる査読のこと）や補助金申請で不利になることを恐れて、批判的なことは言わないようにする傾向がある。

ジェームズ・ワトソンはこのことをうまく言い表している（ジェームズ・ワトソン『二重螺旋 完全版』青木薫訳、新潮社）。

世間一般のイメージ——新聞や、科学者の母親たちが支持するイメージとは裏腹に、科学者の多くは、単に頭が固くて回転が遅いだけでなく、そのものズバリ、頭が悪いのだと悟らないうちは、科学者としての成功はない。

私たち科学者の欠点——もちろんそれは自分以外の科学者の欠点だと皆思っているのだが——は受け入れるとしても、学界の派閥、なかなかなくならない女性蔑視《べっし》、科学者は礼儀正しくふるまうべきだという圧力など、ややこしいしがらみに気をつかわなければならないことも、最高の研究が必ずしもそれに値する注目を集められないという状況の原因になっている。

これら諸々の欠点はあるのだが、それでも西洋の科学はルネサンス以来、人間の偉大さの輝かしい証《あかし》となってきた。近くの恒星系からエイリアンが視察に来たとしたら、地球にいる知的生命体として、私たちはこれほど素晴らしいものをもっているのですよ、と紹介できるのは科学だ。

その次に自慢できるのが詩と音楽だろう。しかし、もし科学的探究のすべてが、人間という種が犯した致命的な過《あやま》ちだったとしたらどうだろう。まさにその科学が生み出した技術が、文明を滅ぼすことになるのだとしたら……。

第9章 温暖化

私たちはこうして過ちを犯す

人類滅亡の筋書き

人類という種が衰退するのは自然なことで、偉大だが情け容赦なく、避けることのできない自然の摂理だ。人類の滅亡の筋書きも単純で、疑問の余地はない。そして、人間はなぜ滅びの運命をたどったのか、を知ろうとすることより、むしろ、私たちがこれほど長く生き続けられたことこそ驚きだ。

私たちが、地球上に人類の滅亡を早めるような状況をつくってきたことは、否定しようがない。周りを見渡してみるといい。地球は急速に温暖化しつつある。海水は酸性化し、窒息するほどのプラスチックごみが漂っている。

工場から出る煙で大気は汚染されている。森林破壊は絶え間なく続いている。砂漠が広がるにつれ草原や湖は小さくなり、2050年までには人口が100億人にも達して、残された資源の奪い合いになるだろう。

短期的に見れば、極端な気候現象がさらに頻繁に起こるようになるだろう。穀物は干ばつで枯れ、水産業は立ち行かなくなり、大型野生動物の数は減り続けるだろう。昆虫の数は急速な減少の一途をたどるだろう。植物の種は滅び、生物の多くを占める微生物も、目には見えないが危機にさらされるだろう。

もう少し長い目で見れば、海水面が上昇し海岸線の形は変わってしまうだろう。南極の氷床から氷山が離れ、溶けていくに従って、フロリダやバングラデシュは波の下に消えてしまう。

このような惑星規模での変化は、今のところあなたの目には見えないほど小さく、あなたの周りの環境は、ここ数十年は変わらないように思えるかもしれない。結局、生命を脅《おびや》かす切迫した事情がたくさんあるにもかかわらず、何となく大丈夫のような気がするのは、何より私たちが豊かなせいだ。

しかし、たとえ血筋を残すことが重んじられるような階級の人々であっても、子どもをもつ前に地球環境の未来を考えてみるべきなのだ。

誰もが文明の終末に加担している

地球の環境破壊の物語を紐解《ひもと》けば、とりわけ責任の重い企業もいくつかあるものの、責められるべきは私たち全員であり、気候変動による破滅は、アフリカの大地溝帯を出たときから、私たちの遺伝子に刻みつけられているのだ。

食欲や子孫を残そうとする欲望があるのはネズミやキノコも同じだが、人間は他の生物と違って、発達した脳をもってしまったために数がどんどん増え、その全員が食べたり交配したりしているのだ。人口増加が環境に与える影響の他に、現代人の贅沢《ぜいたく》な生活が環境破壊をさらにひどくしている。

多くの人々が王侯貴族のような暮らしを望んでいるし、それができるチャンスが目の前にあれば、生活をもっと快適にしようとするのは人間の性《さが》だ。こうして豊かさを手に入れる代償として、大気の組成を変え、温室効果をもつ二酸化炭素が増加し、地球に届いた太陽のエネルギーが熱として宇宙へ逃げていくのを妨げてしまった。

地球がどこまで暑くなるかを予測するのは難しいし、それがどのくらい急速に進むかもわからないが、温暖化は確かに進みつつある。

私はテキサスに義理の兄弟がいるが、彼は温暖化の証拠をまじめに考えようとしない。中世には暖かい時代があったことをもち出し、二酸化炭素の排出と平均気温の驚くほどの相関性を否定する、偏《かたよ》った考えをもつ人々の著作に影響されて、だから大丈夫なのだと思いこもうとする。

彼のような考えをもつ人々は、アメリカには多く、特にアメリカの白人は、「生命、自由、幸福の追求」が否定されても仕方のない事態がありうる、と考えることに慣れていない。アメリカ以外の多くの地域でも、生き延びるのに必死で、目に見えない空気のことなど気にかける余裕のない人々は、夏が昔より暑くなった原因など顧《かえり》みようとしない。

私はこの文章を、自分も文明の終末に加担している人間の一人だと、深く自覚しながら書いている。近くでも自転車ではなく車で行ってしまうし、飛行機で海外へ行き、自然界で分解されないプラスチックの容器に入った、南米産のイチゴを買う。進んでテント暮らしをしようとは思わないが、自己弁護のために言わせてもらうと、私はおそらく、私の近隣住民のほとんどと比べて、排出している二酸化炭素は少ない。

私たちには実子がおらず、養子を育てているからだ。リアジェット社製のビジネスジェット機（訳注：リアジェット――Learjet――は、アメリカのビジネスジェットのメーカー）で燃料を燃やして通勤でもしない限り、環境を破壊する二酸化炭素を、自分たちの精子と卵子で子どもをつくった人たちと同じくらい多く出すことはないだろう。

生きていれば温室効果ガスを増やしてしまうことは避けられないが、そのために死ぬわけにもいかないなら、子どもをつくらないのも一つの決断だ。

人口問題は無視されてきた

人口が増え続けることの危険性を最初に認識したのはトマス・マルサスで、産業革命が始まった頃に出版された『人口論』（訳注：初版１７９８年）の中でこれを指摘している。

マルサスが案じたのは、人口が等比級数的に増えると多くの人々が飢えに苦しむかもしれないということだった。この懸念は、1840年代にアイルランドで起きたジャガイモ飢饉で裏づけられたが、20世紀には、農地の開墾、肥料や除草剤、殺虫剤の使用、そして農業の機械化――これらはすべて化石燃料に依存している――のおかげで、私たちは間違った安心感をもつようになってしまった。

医薬品の進歩と農地の拡大が相まって、この100年で人口は4倍に増えた。

人口増加と環境悪化の関係は、公の場ではタブーとなっている。政治家は決してこの話題に触れようとしないし、1968年にベストセラーとなったポール・R・エーリックの『人口爆弾』は、ほとんどの知識人から戯言《たわごと》だと退けられた。

現代の経済専門家は、先進国での人口減少を、それ以外の地域での人口増加よりも問題視している。最も名の知られた環境活動家でさえ、持続可能性を声高に主張しているのに人口問題を無視しているし、私生活でも子だくさんだ。

アメリカ合衆国の第45代副大統領アル・ゴアは4児の父で、その政治家仲間で活動家のロバート・F・ケネディ・ジュニアは、名門ケネディ家の子どもを6人も増やした。たくさんの子どもをもつことは、21世紀では名誉のしるしというよりは、むしろ環境に優しくない行為になりかねない。1時間に1万5000人の子どもが生まれ、死亡するのは6000人だ。この数字を見れば、明るい将来は期待できない。

生物界の大変動と気候変動

地球の住みやすい環境に影響を与えてきたのは、人間だけではない。細菌や植物は、人類が表舞台に躍り出るずっと前に、大気の化学的な組成を変えた。

23億年前には、有害な気体である酸素を放出する細菌があらわれ（訳注：植物と同じ光合成をおこなう細菌であるシアノバクテリアの祖先）、劇的な変化が始まった。生物が誕生してから最初の数十億年の間、鉄や硫黄《いおう》、窒素を「呼吸」して繁栄してきた細菌たち（訳注：エネルギー源として硫化水素、酸化鉄、アンモニアなどを利用する細菌）は、毒性が強く、ＤＮＡに損傷を与える酸素分子によって絶滅に追いこまれた。

酸素レベルが上昇するに従って、これらの細菌たちは、海底の泥の中などの酸素のない場所に隠れ住むようになった。新しい環境をうまく利用できた新しい生命体が進化し、餌として取りこんだ化学物質を酸化して分解することで、より多くのエネルギーを取り出す方法を身につけた。だから、その子孫である私たちは、今でも呼吸しないと生きていけないのだ。

その後長い年月が過ぎ、生物が陸上に上がるようになると、陸上で植物が栄えるとともに大気中の組成が再び変わった。石炭紀の鬱蒼《うっそう》とした森に繁茂《はんも》していたジャイアント・ホーステイル（訳注：シダの一種）やヒゲノカズラ（訳注：広義のシダ植物に含まれる）は、枯死しても分解されずに残り、圧力を受けて石炭になった。

土中深く埋まって分解されなかったことで、植物が吸収した二酸化炭素は大気中からどんどん取り除かれていき、地球の温度は下がった。

私たちが石炭発電所から来る電気を使うたびに、この炭素が再び大気中へ出ていき、太古の森で植物に吸収された光と同じ波長の光が、電球から発せられるのだ。植物に吸収されたエネルギーは、化石燃料となり、３億年の時を隔てた今、テーブルの上のランプをともしている。

石炭がつくられる量は、石炭紀が終わった後は少なくなったが、これは菌類が枯死した木々を分解するようになったためだ。生物界に起こった大変動とともに、火山の噴火やその他の地質学的な現象が、気候をいろいろな方向へと変え、時々落ちてくる小惑星は、地球上に住むしかない生物を確実に死に追いやる存在だった。

このようなことが起こった証拠があるので、テキサスに住む私の親戚のような人々はこれを都合のいい言いわけにして、気候変動を――地球がこんがり焼けたトーストのようになりつつあることを、彼らが受け入れるとすればだが――人間とは無関係の現象で、人間には何の責任もないとみなしているのだ。

人類が起こした大絶滅

この銀河系の片隅の星で、生物が誕生してからの全時間のうち、人類とその他の二足歩行する類人猿が存在したのはほんの短い間だが、それは際立って破壊的な時代となった。一番最近起こった自然環境の変容は、ケニアのトゥルカナ湖、別名翡翠海《ひすい》（訳注：緑色の植物プランクトンが多く、水が翡翠色であることからこう呼ばれる）のほとりで、アウストラロピテクス類が石器をつくり、動物の死体を解体した330万年前に始まった。

さらに武器をつくるようになったが、それは50万年前に南アフリカに住んでいたヒト科の別の種で、石の先端をつけた槍《やり》が使われていた。弓と矢をつくり出したのは、7万1000年前の初期人類だ。

弓矢のような遠くへ飛ばせる武器によって、勇気を奮って近づかなくても大きな動物を倒すことができるようになった。これらの武器を組み合わせ、罠《わな》や火と併せて使うことで、氷床が後退するとともに人類はケナガマンモス、マストドン（訳注：原始的なゾウ類）、剣《けん》歯《し》虎《こ》、陸上性ナマケモノを絶滅に追いやり、さらに動物たちを最後の安住の地まで追い詰めたのだ。

グリプトドンは、南アメリカに生息していたアルマジロのような動物で、やはりこの大量虐殺の犠牲者だ。この動きの遅い草食動物はフォルクスワーゲン・ビートルくらいの大きさで、肉を食料にし、巨大な甲羅《こうら》を防具に利用しようとする狩猟者の格好の餌食となった（訳注：グリプトドンの甲羅は戦士の盾《たて》などに加工されたといわれる）。

長い間、生物学者たちは、気候変動がこれらの絶滅の最大の原因だったと主張していたが、人類の登場と大型哺乳類の絶滅に相関性があることを示す証拠はますます多くなっている。このことは、島から消えた壮麗な鳥たちを思い返してみれば明らかだ。

シルヴィオルニスと呼ばれる大型の七面鳥はニューカレドニア島にすんでいたが、先史時代のラピタ人が３５００年前にカヌーでやって来ると、間もなくいなくなってしまった。マオリ族の人々がニュージーランドにたどり着いた紀元１３００年頃から、飛べない鳥だったモア（訳注：ニュージーランドに生息していた飛べない大型鳥類）の多くの種は姿を消していった。

絶滅は、生物の始まりから繰り返し起こっているが、人類ほど大きく絶滅に関与した動物は他にない。人類の進化は、小惑星の衝突が恐竜を滅ぼしたのと同じくらいのインパクトをもっていて、とてつもない速さで他の生物を抹殺している。

６５００万年前に現在のメキシコ湾にチクシュルーブ衝突体が落下した後、新生代を通じて哺乳類の平均的な大きさは一定のペースで増え続けた。ところが10万年前頃には、大型の動物が姿を消しはじめた。絶滅は５万年前頃から加速し、野生の哺乳類の総重量は、人類が登場する前の時代に最大だったが、今や６分の１に減った。

いくつかのモデルでは、このままでは生き残った最大の動物が家畜のウシになる時代がやってくることが予想されている。

環境破壊の勢い

自然とはそもそも不安定なものだから、このような破滅の予測に懐疑的な見方もあるのは理解できる。一つの世代で数が激減するわけではないので、減少を見逃さないようにするには想像力が必要だ。

生きたモアを見た人は、14世紀以来いないのだから、モアがいなくなったといって今のニュージーランドの人々が驚くはずがない。最後のリョコウバトはマーサと名づけられ、動物園で飼育されていたが１９１４年に死んだので、この渡り鳥が、最後に空が暗くなるほどの大群で飛んだのは、19世紀のことになる。

私たちは、実際に見たり聞いたり触れたりしたことのないものが無くなっても、悲しいとは思わないのだ。私たちが本などで読むのは、すでに起こってしまったことではなく、訪れつつある恐怖としての絶滅や、進みつつある環境破壊だ。

しかし破壊の勢いは弱まってはいない。森林破壊は人々の注目を集めているにもかかわらず、熱帯雨林が毎年ブラジルで270万ヘクタール、インドネシアで130万ヘクタール、コンゴ民主共和国では60万ヘクタールのスピードで減りつつある。

気候変動による直接の影響に目を転じれば、2016年には、世界のサンゴ礁の3分の1が海水温の上昇の悪影響を受けている。オーストラリアのグレートバリアリーフのサンゴ礁は、90％で白化と呼ばれる現象が進んでいるが、これはサンゴ礁という生態系の微妙なバランスの中で、サンゴに共生し栄養を与えている渦鞭毛藻《うずべんもうそう》類が減少していることを意味する。

サンゴ礁が白化から回復したときには、もとのサンゴ礁にいたものとは別の、あまり活発でない種が取って代わっていて、海洋生物の豊かなコミュニティを支えることができなくなってしまう。自然界では、普通こんなことは起こらない。

しのび寄る危機

もっと見事な生態系といえる、オハイオの自宅にある私の庭に目を移せば、私はそこに、木々や花の咲く低木に囲まれた三角形のスペースをつくり、エデンの園のような理想郷にしようとしている。

隅は一番日当たりが悪いので、シダが生え、土はやわらかいコケで覆われて、たくさんのアメーバやクマムシ（訳注：体長は最大でも１・７ミリメートルで、４対の脚をもつ生物。過酷な環境でも生き延びることで知られる）がすんでいる。

モグラが穴を掘ると土は盛りあがり、池には魚が泳ぎ、午後には４羽のニワトリがバタバタと砂浴びをしている。私たちがこの郊外のオアシスをつくってから、もう20年以上になるが、殺虫剤は撒《ま》いたことがない。それでも、生き物たちはどんどん変化している。

かつては初夏にあらわれていた、たくさんの美しい昆虫たちも、ここ10年は戻ってこなくなった。ハチドリやスズメガ、ナナフシは姿を消し、見かける蝶はモンシロチョウだけになり、夜行性の蛾《が》が夕方玄関灯に集まっているのを見ることもなくなった。これは、私の庭を眺めて気づいたことにすぎないが、飛びまわる昆虫たちの数が大きく減っていることを示す科学的な調査の結果と、完全に一致している。

もっと大きな動物たちも影響を受けている。暗くなってから庭を歩いても、アライグマやオポッサム、スカンクに出会うことが少なくなったのは確かだ。小さな茶色のコウモリを見かけることはほとんどなくなっていたので、この愛すべき動物のつがいが日暮れ時にあらわれたときには、本当に嬉《うれ》しかった。

白鼻病《ハクビ》（訳注：コウモリが罹《かか》る病。白鼻症候群ともいう。致死率が高く、カビが原因とされるが詳しいことはわかっていない）で死んでいる動物もいるかもしれないし、この病原菌から逃れたとしても、餌となる昆虫が少なくなったために死んでいるのかもしれない。

一番はっきりした変化は、エメラルドアッシュボーラーと呼ばれる、穴をあけて入りこむ昆虫のせいで樹木が細くなったことだ。この幼虫はこの地域のホワイトアッシュ（訳注：アメリカトネリコとも呼ばれ、北米に生育し家具や建築用材に使用される）をことごとく枯らしてしまった。

私が住む郊外以外でも、状況が悪いことに変わりはない。周辺の農業地帯の河川には藻類が大量発生し、作物の茎の端に巣をつくっていた大きなクモたちもいなくなった。ハラタケを見ることとさえ珍しくなった。私の身の回りの自然は、どこもかしこも綻《ほころ》びつつあるのだ。

気がつけば人間しかいなくなる⁉

国際自然保護連合（ＩＵＣＮ）は、絶滅の危機の深刻さに基づいて、絶滅危惧種のレッドリストを作成している（訳注：レッドリストは絶滅危険度の高いほうから順に、絶滅寸前〈絶滅危惧ＩＡ類〉、絶滅危機〈絶滅危惧ＩＢ類〉、危急〈絶滅危惧Ⅱ類〉、保全対策依存、準絶滅危惧、軽度懸念の６階段に分類されている）。データがある種に関しては、「低危険種（軽度懸念）」から「絶滅寸前（近絶滅種、絶滅危惧ⅠＡ類）」までの段階に分類されている。

すでに絶滅した種は、「野生絶滅種」（ハワイガラスなど）（訳注：飼育下などでのみ生存している種）と「絶滅種」（リョコウバトなど）に分類されている。ＩＵＣＮのレッドリストは、ホモ・サピエンス（*Homo sapiens*）つまり現生人類の保全状況を「低危険種」とし、その理由を以下のように説明している。

「この種は非常に広く分布し、適応性が高く、現在増加を続けており、また、全体的な数の減少につながるような重大な脅威はないため軽度懸念とする」。本当にそうなのだろうか？

私たちが温暖化をコントロールする手段を開発する見込みが薄い以上、人口は増え続けるが、私たちがすむ世界の多様性は失われていくだろう。また、野生の大型動物はいなくなるだろう。それとともに、気がつけば地球上は人間だらけになり、そのうち人間しかいなくなってしまう。

これは、ＩＵＣＮのリストの絶滅危惧種と近絶滅種からランダムに選んだ種を見れば明らかだ。

メガネモチノウオ（訳注：別名ナポレオンフィッシュ）は、リーフフィッシングで銛《もり》で突かれることや、爆発物やシアン化合物を使った漁のために「絶滅危惧種」になっている。

ノコギリエイは水力発電用ダム、汚染、そして釣果を自慢したい釣り人によって、「絶滅寸前」になってしまった。ヒガシミユビハリモグラはニューギニアに生息するが、生息地が鉱山採掘のために破壊されて、姿を消しつつある。

優雅な姿のヒラシュモクザメは、フカヒレスープの材料として中国に輸出されるため、毎年およそ7300万匹も捕獲され、今では絶滅危惧種だ。これらの種を保存する唯一の方法は、これらの生息地に人間が入れないようにすることだ。

科学は罪なのか?

このような終末的状況の根源にはベーコンの考えに基づく科学がある。私たちは医学や農業、工学の進歩の恩恵を受けてきた。科学は、人間がこうしてほしいと願うことをそのまま実現してきて、今や全滅への道をたどりはじめている。

もしヨーロッパの科学が、17世紀の発見以降先細りになっていたら、人口はこれほど多くならず、地球温暖化も起こっていなかっただろう。ジョン・ミルトンが『失楽園』の物語で描いた通り、人類は生まれたときから警告されていたのだ（第1巻1、平井正穂訳、岩波文庫）。

神に対する人間の最初の叛逆と、また、あの禁断の
木の実について、人間がこれを食べたために、
この世に死とわれわれのあらゆる苦悩がもたらされ、
エデンの園が失われ――

神の警告に耳を貸さず、狡猾《こうかつ》なヘビにそそのかされたイブは、大きな決断をする（『失楽園』第9巻9）。

手を差し伸べて果物を取り、引きちぎり、口にした。大地は
傷の痛みを覚え、「自然」もその万象を通じて呻き声を洩らし、
悲歎の徴《しるし》を示した、すべては失われた、と

イブは最初の経験主義者で、美しい園の中で自分が暮らす環境の限界を超えられるかを試し、美しい楽園で永遠に奴隷でいるだけではない何かを求めた若い女性だった。
ミルトンは、科学革命の黎明期《れいめいき》に生きていたから、３５０年以上も後の時代に、この隠喩がもつことになる力など知る由もなかった。

ジョン・スノウは、コレラの発生と汚染された井戸が一致することを示すために１８５４年につくったソーホー地域の地図を、燃やしてしまうべきだったのだろうか？（訳注：スノウは19世紀の医師で、ロンドンのソーホーで起きたコレラの流行源が公共給水ポンプの水であることを突き止めたことから現代疫学の祖といわれる）。しかし、このおかげで、多くのロンドン市民の暮らしが改善されたことだろう。

もしルイ・パスツールが病気の原因が細菌であることを示す研究をあきらめていたら、人間以外の生物がこれほど絶滅することはなかっただろう。もし、長年続いた迷信を打破し、穀物の病気の原因がカビだということを突き止めた植物病理学者がいなかったら？このおかげで、穀物をダメにしていたさび病や黒穂病の病原体を除くことが可能になり、現代の農業が数十億人を養えるようになったのだ。

科学は現代文明にとってあまりに中心的な存在になってしまった。探究や自然を操作することをあえてしないでおくのは無理だろう。もはや、私たちが罪のない存在でなくなったことの弊害は明らかで、ディラン・トマスが推奨したように「燃え盛り荒れ狂う」（訳注：ディランの詩「*Do Not Go Gentle Into That Good Night*」からの引用。鈴木洋実訳）か、あるいは品格をもっていろいろな企てをあきらめることを考えるか、だ。

しかし、他のどんなことが起こったとしても、科学的発見には恐ろしいほどのコストが伴うことを肝に銘じないまま、科学自体に罪はないと擁護し続けることは、もはやできない。「お前のこの反逆は、まるでアダム以来の――人間の第二の堕落に思えてならぬ」（シェイクスピア『ヘンリー五世』第2幕第3場　松岡和子訳、筑摩書房）

第10章　品格

私たちはどう去っていくべきか

世界の終わりはどんなふうに訪れるか

エネルギー生産と輸送の技術革新に、持続的な人口増加につながった農業と医療が加わって、あっという間にこの温暖化の時代が訪れた。

この危険な状況は、フランシス・ベーコンの経験論的方法の原理に基づいて発展した、西洋の科学と工学がもたらしたもので、文明の崩壊と人類の絶滅につながるだろう。この悲惨な結末に、私たちはどう対処すればいいのだろうか?

世界の終わりはどんなふうに訪れるかを想像してみよう。まず、満たされて楽しい生活を送っている人々は、できるだけ長くこの状況を続けたいと願い、二酸化炭素の排出を減らす行動はほとんどとらないだろう。

18世紀のフランスの貴族たちのように、私たちは無頓着を貫き、ギャンブルで勝ち目のないほうに賭けるように、幸せだった過去が続くことをあてにするのだろう。否定論はお祭りのようににぎやかに唱えられ続けるが、それも参加者が暑さに耐えられなくなるまでの話だ。

遠からず起こるのは、ステージのショーや若さにあふれたお祭り騒ぎとはほど遠い、まだ農耕のできる土地と淡水をめぐる戦争だ。壁や塀を縦横に張りめぐらせ、兵士を配置して、困窮した人々が国境を越えて流れこむのを防ぐようになるだろう。

気温が上がるにつれ、人々は北極や南極に近い場所へ逃れるか、設備の整った大型船で海へ出るだろう。さらに数百万もの人々が、地下都市や、どこか日光を避けられる場所に住むようになる。

数ギガトンもの二酸化炭素を吸収する方法という、期待をもたせるニュースに熱狂しては尻すぼみに終わる、ということが繰り返されることだろう。漁業と農業は衰退し、薬は慰めにならず、最後には誰もが、逃れようのない暑さに泣きごとを言いながら、灰に埋もれたポンペイの人々さながらに、胎児のように体をまるめてじっとしているしかなくなる。

こんな結末が起こる確率は年々高くなり、もう煙は上がりはじめている。

危機感の欠如

21世紀初頭のこの時代、地球の温度上昇のメカニズムや、温暖化の進行に関する科学的な証拠は幾層にも積み重ねられている。これに反対を唱えるのはますます滑稽《こっけい》に見えるにもかかわらず、地球環境が破壊されていることを否定する態度は驚くほど頑《かたく》なだ。

それに、この事実を受け入れている人々も、問題がどれほど切迫しているかという点では、一致しているわけではないのも確かだ。２０１７年に公表された調査結果では、米国中西部のトウモロコシ農家の大部分が、気候が昔より予測しにくくなっていると答えている。彼らは、土地を耕す深さや回数を減らしたり、一番新しい栽培品種を栽培するなど、さまざまな方法を使って、しばしば起こるようになった干ばつや洪水から農地を守ろうとしている。また、より大きな作物保険に加入するようになっている。

農地の収益性に影響を与えている主な要因は気候変動ではないかもしれないし、人類の英知でいずれこの問題が解決されるかもしれない、と思っているので、今のところはまだ冷静だ。現在農業に従事している人々は、これまでの人生で農業分野での驚くべき技術革新を目撃してきたのだから、この楽観主義は理解できる。米国中部では短期的に今より暖かく、雨が多くなるという予想があり、これによって穀物の収穫は上がるという考えさえある。

米国以外でも、農業を取り巻く状況は厳しくなっている。生計を気にかけているのはインドの穀物農家も同じで、今よりは涼しく雨も降るようになるだろうという希望が、毎年やって来る夏の猛烈な熱気でむなしく消え去っている。農民の自殺率は上がり、発展途上国では精神疾患が急増している。

カナダ北部の先住民イヌイットのコミュニティやオーストラリアの小麦農家を調査した研究では、生態系に起こっている問題に対して、これほど極端な反応は見られていない。

しかし調査報告では、どちらのグループも、地域の著《いちじる》しい気候変動の負担を被っていて、これは彼らの暮らしに大きな変化をもたらした。これらの人々が、環境の物理的な変化によって「生態学的な悲嘆」を味わっていて、人々は将来への希望を失っている。

人類文明にホスピスケアを⁉

自分自身は温暖化の影響を感じていない人々も、将来の世代のことは心配している。米国では、「子どもたちにまともな世界を受け継がせられるだろうということを、今よりいくらかでも確信できるようにならなければ」、子どもを持つことに不安があると考える女性が増えている。

生まれてくる子どもが一人減れば、将来苦しむ人が一人減り、二酸化炭素の排出も減る。消費主義を抑制すれば、環境面での将来展望をよりよくできるかもしれないが、私たちの遺伝子はそれに抵抗するはずだし、多くの人々が、生きる意味とは子孫をつくることだと信じ続けるのも、それと同じくらい明らかだ。状況には希望がなさそうに見え、実際その通りなのだ。

私たちはもうルビコン川を渡ってしまっていて（訳注：後戻りできない一線を越えたという意味。古代ローマの故事に由来する）、技術で気温を下げようとしても無駄のようだと結論づけて、ロイ・スクラントンは、私たちは「個人としてではなく、文明として死ぬことを学ぶ」ことを勧めている。

カナダの医師アレハンドロ・ジャダッドとマレー・エンキンは、学術誌「*European Journal of Palliative Care 2017*（欧州緩和医療雑誌２０１７年版）」に、人類文明全体に対するホスピスケアを広げてはどうかと提案する、挑発的な論文を載せている。この緩和ケアの方法とは、国際的な投資先を飢餓の撲滅やホームレスの保護にすることや、新しい時代を倹約の時代とすることだ。

彼らは、天然資源の枯渇《こかつ》が引き起こす争いは、軍事予算を地球規模での平和維持部隊に振り向けることで防げると主張している。しかし、世界情勢がこの上なく良好な時代でも協力できたためしがない文明にとって、このような行動は難しいだろう。

ナルシシズムで目立つ特徴の一つであるナショナリズムに、人類という種は陥《おちい》りがちで、部族間の争いは環境ストレスが大きくなるにつれて拡大する。もし人間性が進化的進歩の頂点だと思いこむのをやめたら、たとえ電気がなくなったとしても、私たちは、もう少しは互いにうまくやっていけるのだろうか？

「ヒト族」の行方

この温暖化の時代に、*Homo*という名前を変えることの重要性を議論するために、この本でここまで見てきたことをまとめてみよう。

居住可能なゴルディロックスゾーンにあり、太陽の周りを数十億回も回り続けるうちに生命を宿すようになった、ある惑星に私たちは暮らしている。動物は、精子に似た姿でくねくねと海を泳ぎまわっていた微生物から進化した。大型類人猿、別名ヒト科の動物は、今から1500万年〜2000万年前に誕生した。

私たちのような類人猿、すなわちヒト族（訳注：「族」は「科」より下位の分類段階。ヒト族には現生人類、チンパンジー、ボノボが含まれる）がアフリカで生まれたのはこれより新しく、見事な骨格をもった現生人類が地球上を闊歩《かっぽ》するようになってからまだ10万年も経っていない。

植物は、二酸化炭素と太陽光のエネルギーを利用して自分の体をつくり、人間はこの植物や、果物や野菜を餌とする動物の肉を食べて、エネルギーを手に入れている。消化器系では、食事で取り入れた物質を小さな分子に分解し、これらの分子は血管を通って全身へ流れ、すべての細胞へと行き渡っている。

体をどうつくり、どうはたらかせるかという指示は、長さ2メートルのDNAの上に間隔を空けて並ぶ、およそ2万の遺伝子に書きこまれている。人体は9ヵ月をかけて形づくられ、その間に大きな脳内の回路もつながれていき、この脳がその人の自意識や自由意志という幻想をつくり出す。生まれてから数十年後には、老化は確実に起こり、やがて人間の体は機能を停止し、腐敗し分解されていく。

身体の動きの巧《たく》みさと優《すぐ》れた脳のはたらきが相まって、人間は自分たちが必要とするとおりに自然をつくり変えることができるようになった。このような意識的な行動ができる生き物は、人間以外にはいない。手が特に重要で、イルカやクジラは知能が高いが、手ではなく鰭《ひれ》や鰭脚《ききゃく》（訳注：アシカやアザラシ類がもつ鰭状《ひれじょう》の四肢《しし》）しかもたないので、周囲の環境をつくり変えることはできない。

ほんの短い時間で、科学や技術の進歩によって人口が爆発的に増え、化石燃料を燃やすことで現代の贅沢《ぜいたく》な暮らしが実現された。これによって大気の組成が変わり、地球表面の温暖化が引き起こされている。

人類はずっとステージ4

宇宙のいたるところに、これととてもよく似た歴史を終末までたどった世界があったかもしれない。もし他の惑星で生命が進化したなら――その可能性はありそうに思えるが――その地球外生命体は私たちと同じか、あるいはより洗練されたテクノロジーをもつようになっただろう。

それならなぜ、宇宙はなぜこれほど静かなのか、とエンリコ・フェルミは問うた。「みんな、どこへ行ってしまったのか？」。この通りの言い方をしたかどうかは定かでないが、1950年、ニューメキシコ州のロスアラモス国立研究所でランチを取りながら、フェルミはこの問いを投げかけた。

エドワード・テラーはそこに同席していた。この逸話《いつわ》は途方もない皮肉だ。フェルミは「原爆の父」で、テラーは後に「水爆の父」と呼ばれるようになる人物だ。もしもこの問いがテラーの笑いを誘っていたら、フェルミは目を見開き、テラーの目を見てこうオチをつけていただろう。「まあ、そうなるのは当たり前だがね！」

宇宙の静けさ、あるいは「大いなる静けさ」といわれるものには、いくつもの説があり、物理学者は地球外生命体と遭遇できる確率を示すドレイク方程式で説明しようとしている。この方程式は、変数として一定期間に誕生する星の数（R*）、地球外の文明が、他の星で探知できる信号を出すことができる期間の長さ（L）を含んでいる。

核兵器の開発は、このLの値を制限する大きな要因になるかもしれないが、私としては、化石燃料を燃やし続けるという自殺行為のほうが、この地球外生命体の終焉《しゅうえん》の原因としてはありそうだと考えている。

宇宙人の学校では、子どもたちが「いかなる生命体も、自分自身を滅ぼせるような技術を開発すれば、すぐにそれを実行してしまう」という宇宙の法則を学んでいるのかもしれない。

滅亡へのプロセスにはいくつかの段階があって、それはがんの進行に似ている。がんが最初にできた部分にとどまっているステージから、がん細胞が他の臓器に広がっているステージ4までだ。第7章でふれたクリストファー・ヒッチェンズは、病床にあってこう書いている。「ステージ4が意味するところは、ステージ5はないということだ」

種を一人の人間にたとえるなら、人類は10万年前からずっとステージ4にいるのだ。ゼータ星の教師が、「さて、人類はどれほど長く地球に存在し続けられたと思うかい?」と問うと、生徒たちは触手のような手を一斉に上げて、われ先に答えようとすることだろう。

人類抜きの再出発?

人類は、ある世代が、次の世代が受け取るべき収穫を減らすという行為を続けてきた。1970年代に、ラバ(訳注:雄のロバと雌のウマを交雑した家畜)ではなくアルファロメオ（訳注：イタリアの高級車）に乗って仕事に行く父親を諫《いさ》めるのは、ばかげたことに見えただろう。

今や、自動車による大気組成への影響は明らかで、私たちは自動車には相乗りするように心がけるべきなのだが、自分のことは自分で思うようにしたいと願う資本主義者の反発を買う。それに、悪影響はすでに出ていて、今やめても効果がわかるのは数十年先だと思うと、二酸化炭素の排出を抑制する気にはならない。

二酸化炭素の排出を今すぐゼロにできるとしても温暖化は続くと知っている人々は、このままにしておくのが一番いい、ジム・モリソンが歌った通り「トイレが全部燃えてしまう前に」せいぜい楽しめばいい、というコメントをオンラインで発信する。人類が破滅し、地球は人類抜きで再出発すればいいのだ。

人類以外の生き物は、私たちがいなくなれば喜ぶだろう。もし地球外生命体が地球にマイクを仕掛けていたら、この1000年間に動物たちの怒りが沸き起こり、苦痛と不平の声が最高潮に達するのを聞いただろう。

スタジアムで儀式のためにいけにえにされ、闘牛やクマいじめの見世物にされ、近代にはさらにひどくなりネズミやネコ、霊長類は生体解剖されたことを、動物たちは訴えただろう。紐《ひも》や手錠で椅子に括《くく》りつけられた動物たちは、カトリック教会の異端審問官の好色な発明意欲をそそるような道具で体を探られ、恐怖を味わったのだ。

哲学者ショーペンハウアーはこう言っている。「苦しむことが生きることの直接かつ直近の目的でないとしたら、私たちの存在は完全に目的を外れているに違いない」

現在、動物をもっと優しく扱おうとすれば経済的な負担になることや、実験は医学研究に必要だという理由で、これらの恐ろしい行為が正当化されている。いつものことだが、私たちの驚くほどの傲慢さに変わりはないのだ。それが人間というものだ。

破壊者の思いやり？

動物たちの苦しみに共感できないことは、「バイオフィリア」と言い表されてきた、人間は本能的に自然を愛するものだという考えと相いれない。バイオフィリアという考えは、ハーバード大学の生物学者E・O・ウィルソンによるもので、人間は先史時代、アフリカの草原にいたころに野生動物と関わり合って以来、動物に対する共感を持ち続けていると提唱している。

しかし、そのようなふるまいの証拠はないし、この説は進化論から見て合理的でない。人間は自然を破壊しているのだから、人間の自然への思いやりなどたかが知れている。子どもの頃、小川で石をひっくり返して遊んだことがある人なら誰でも、カエルやハサミを振るザリガニを見ると後ずさりしてしまう友だちがいたはずだ。

もし本能と言えるものがあるなら、それは追いまわして殺すという傾向だ。自然史を教える教育プログラムは、一生生き物嫌いになったかもしれない子どもたちの行動を変えるという奇跡を起こせるかもしれないが、ほかに娯楽があるのにバードウォッチングになど引かれない、という人のほうがはるかに多いだろう。

野生動物のドキュメンタリーの制作者はこの数十年間、自分の作品が、自然に対する敬意らしきものに人々をつなぎ留め、この星を守る役に立っていると思いこんできた。私たちは、テレビを通して体験した熱帯雨林の壮麗さにわくわくし、番組の最後に少しだけ流される、材木を積んだトラックがうなりをあげて走る映像に胸を痛めた。

動物園の中でもましな施設が来園者に対してしてきたことも同じで、来園者が楽しめるように動物を展示しながら、それらが絶滅危惧種であることの説明書きを柵やガラスケースに張り出している。子どもたちはゴリラを見て喜び、アイスクリームを食べ、そして車に乗せられて家に帰る。動物園が、長く続く動物保護への熱意を植えつけるという証拠は、はなはだ心もとない。

自然の一部だという感覚

生物保護に携《たずさ》わる生物学者は他の生き物たちに共感しているのかもしれないが、地球に与えている悪影響は生き物嫌いの人々と大差ない。あちこちで行われているチャリティ活動も、結末を変えることはできないだろう。

ソーラーパネルや電気自動車は、地球にとっては葬儀の飾りのようなものだ。この問題の難しさの一つは、私たちがただ現代的な生活を送っているというだけで、意図せず環境に最大のダメージを与えている点にある。

ジョン・レノンは言った。「人生はきみの身に起こることなんだ、きみが忙しく他のことをしていても」

気候変動も同じだ。ゴドーを待っているエストラゴンは言う。「おれは、このままじゃとてもやっていけない」と。するとウラディミールは答える。「口ではみんなそう言うさ」（サミュエル・ベケット『ゴドーを待ちながら』安堂信也、高橋康也訳　白水社）

人間の身勝手さのために、私たちは自らの行いで生物圏を破壊してしまうという、避けがたい状況に追いこまれた。この歴史的な岐路に立たされている私たちは、紀元79年にヴェスヴィオ火山の近くにたまたま住んでいたローマ人と同じで、貧乏くじを引く羽目になったのだ。

14世紀のペストの大流行に遭遇した人々にも、一筋の希望の光さえなかった。膿《うみ》だらけになったペスト患者たちは、私と同じように、自分の命の終わりだけでなく、文明の終わりがやってきたと思っただろう。

少なくとも、私たちは永遠に地獄に落ちることを心配する必要はない。こんなたいへんな状況に直面して、おそらく私たちは長くとらわれ続けてきたナルシシズムをついに克服するだろう。

あなたが有名人でも貧しい農民でも、あなたを救うものは何もなく、将来あなたの遺産を受け取ってくれる者は誰もいない。あなたが数百万部も売り上げる作家かミュージシャンでも、スタジアムをファンでいっぱいにするスポーツ選手でも、気にかけてかけつけてくれる者などいないのだ。

品格とは、意識によって経験される、私たちがみな自然の一部だという感覚を意味すると私は思っている。精神に品格を保とうとすることが一番の慰めになるのではないだろうか。

アイスキュロスの『アガメムノン』（呉茂一訳　岩波書店）の中で、アルゴスの長老たちのリーダーは「名を辱《はずかし》めずに死ねるというのは人として有難いことだ」と言う。殺害されるという自分の運命を悟ったカサンドラに語りかけた言葉だ。

品格をもってふるまうということは、人が死に直面するときに慰めとなるが、文明が終焉に近づきつつあることを私たちが受け入れるときも、品格をもつことは同じくらい価値がある。

自然という盛大な祝祭に向けられていたフォーカスは、今では違うところに当てられていて、私たちが台無しにしてしまったものを、その四角い画面に切り取っている。生き物のすべてを犠牲にし、自分たちまでも犠牲者にしてしまったのは私たち自身ではあるのだが、この過《あやま》ちを自ら認めることで、私たちはいくらか救われた気持ちになる。

私たちができる最善のこと

『失楽園』(ミルトン、平井正穂訳、岩波書店)の中で、イブは神の恩寵《おんちょう》を失った罰として死ぬべき運命になったことを悟るようになると、アダムにある提案をする。

「恐怖に戦《おのの》きながら、なぜこれ以上私たちは生き存《なが》えようとするのでしょうか?」

イブ自身も恐れていたし、将来生まれる子孫たちが被る運命を思えば、自殺によって罰を終わらせるべきだと言う。

「『死』も腹いっぱい食べるあてがはずれ、その貪欲な胃袋を満たそうとしても、私たち二人だけで満足するよりほかはなくなりましょう」

最後に、この人類最初のカップルは罰を受け入れることを選ぶ。罰が科されても、罰を受けている間を親となって生きていくことができるからだ。アダムとイブは、プログラムされた通りに行動したのだ。

私たちもこの通りに行動していて、この道筋を変えることはできないし、するつもりもない。この世界が終わるまで私たち一人一人ができる最善のことは、互いに対してより優しくし、水の豊かなこの地球に住みながら人間に苦しめられている他の生き物たちにも、人道主義をもって接することだ。

もし私たちが生き方を改めれば、人類は私たちが思っているより長く生きながらえることも、無いとは言えないのだから。

訳者あとがき

本書を翻訳していたのは2020年の6月から7月、コロナウイルスの第一波は落ち着いたものの、コロナ前の日常は戻ってくるのか、それともすべてが永久に変わってしまうのかと、多くの人が悩んでいた時期でした。

ところが海外からは、人間の活動が止まったことで空気や水がきれいになった、というニュースも伝えられていました。インド北部のパンジャブ州では、いつもスモッグで曇っていた空が晴れわたり、遠くにヒマラヤ山脈が望めるようになったといいます。

観光客の絶えたタイ南部の海ではジュゴンの群れが、イスタンブールのボスフォラス海峡ではイルカが泳いだそうです。人間がいなければ地球はきれいになり、他の生き物たちはのびのびと生きられる――まさに著者が指摘する通りのことが起こっていたのです。

著者は菌類（カビやキノコの仲間）を専門とする生物学者ですが、本書では宇宙の始まり、太陽系と地球の誕生、最初の生命体から人類に至るまでの進化、そして今の私たちが生きているしくみについて、数々の西洋文学からの引用をちりばめながらわかりやすく語ってくれています。

それは偶然と必然に彩られた壮大な物語で、筆者の目線が、そこで大きな役割を果たした小さなもの――たとえば「繊毛《せんもう》」などに当てられているのはとてもユニークです。日頃目立たない生き物に目を向けている著者ならではの視点でしょうか。あらゆる生命を慈《いつく》しみ、その能力を尊敬しながら、一方で環境を破壊し、他の生き物たちを苦しめている人間の傲慢さに対してはとても辛辣《しんらつ》です。

本書を訳しながら、思い出したことがあります。私は母の手づくりの服を着て育ったのですが、すぐに背が伸びて小さくなってしまいます。私が着られなくなった服は、少し年下の親戚の女の子に譲ることが多く、お気に入りだった紺色に白の水玉のワンピースもそうやって貰われていきました。

ところが高校時代のある日、バスに乗っていた母と私は、前に座っていた女の子がそのワンピースを着ていることに気づいたのです。もう10年くらいは経っていて、紺色は少し洗いざらした感じに見えました。きっと、親戚の女の子から私の知らない誰かのところをめぐりながら、大事に着てもらっていたのでしょう。

大量生産と大量廃棄、そして便利さや贅沢《ぜいたく》のためにエネルギーを浪費する生活に、著者は警鐘を鳴らしています。人類がそんなライフスタイルを変え、環境破壊を食い止められればいいのですが、それについて著者の予測はかなり悲観的です。

それでも、私たち一人一人にできることがあるとすれば、身近な小さなもの——生き物であれ、物や道具であれ、人生の時間の一瞬であれ——を慈しみ、大切にすることなのだと思います。

成虫となってわずか5分で一生を終えるカゲロウは、最後の15秒で美しい夏を味わうのだと著者は語ります。私たちが今見ているのが、人類が最後に見た美しい景色、になってしまうことのないように、私たちは筆者からのメッセージをしっかりと受け止めなければならないのでしょう。

とはいえ、本書は決して堅苦しい啓発本ではありません。ユーモア、すべての生き物への愛情、そして科学とそれを生み出した人間への敬意があふれています。

多くの方が本書を手に取って、楽しんでくださることを願っています。

世《よ》波《なみ》貴子《たかこ》

著者略歴
ニコラス・マネー
イギリスに生まれる。マイアミ大学（オハイオ州オックスフォード）生物学教授。同大学ウェスタンプログラム（個別化教育プログラム）ディレクター。『Mushrooms: A Natural and Cultural History』『The Rise of Yeast: How the Sugar Fungus Shaped Civilization』他、生物学に関する多くの著作がある。
邦訳されている著書には『生物界をつくった微生物』『ふしぎな生きものカビ・キノコ―菌学入門』『キノコと人間―医薬・幻覚・毒キノコ』（以上、築地書館）などがある。

訳者略歴
世波貴子
広島県に生まれる。広島大学大学院理学研究科博士課程前期を修了。医学翻訳家。
訳書には『ネルソン小児科学第19版』（エルゼビア・ジャパン）、『筋肉・骨の動きがわかる美術解剖図鑑』『世界で一番美しい植物のミクロ図鑑』（以上、エクスナレッジ）、『野生動物の描き方』（ホビージャパン）などがある。

利己的《りこてき》なサル
――人間《にんげん》の本性《ほんしょう》と滅亡《めつぼう》への道《みち》

二〇二一年一月八日　第一刷発行

著者　ニコラス・マネー
訳者　世《よ》波貴子《なみたかこ》
発行者　古屋信吾
発行所　株式会社さくら舎　http://www.sakurasha.com
東京都千代田区富士見一-二-一一　〒一〇二-〇〇七一
電話　営業　〇三-五二一一-六五三三　FAX　〇三-五二一一-六四八一
編集　〇三-五二一一-六四八〇
振替　〇〇一九〇-八-四〇二〇六〇
装丁　石間　淳
カバー写真　Science Photo Library／アフロ（マウリッツ・エッシャー）
翻訳協力　株式会社トランネット　http://www.trannet.co.jp
印刷・製本　中央精版印刷株式会社
©2021 Yonami Takako Printed in Japan
ISBN978-4-86581-277-0
本書の全部または一部の複写・複製・転訳載および磁気または光記録媒体への入力等を禁じます。これらの許諾については小社までご照会ください。
落丁本・乱丁本は購入書店名を明記のうえ、小社にお送りください。送料は小社負担にてお取り替えいたします。なお、この本の内容についてのお問い合わせは編集部あてにお願いいたします。
定価はカバーに表示してあります。

さくら舎の好評既刊

武村政春

ヒトがいまあるのはウイルスのおかげ!

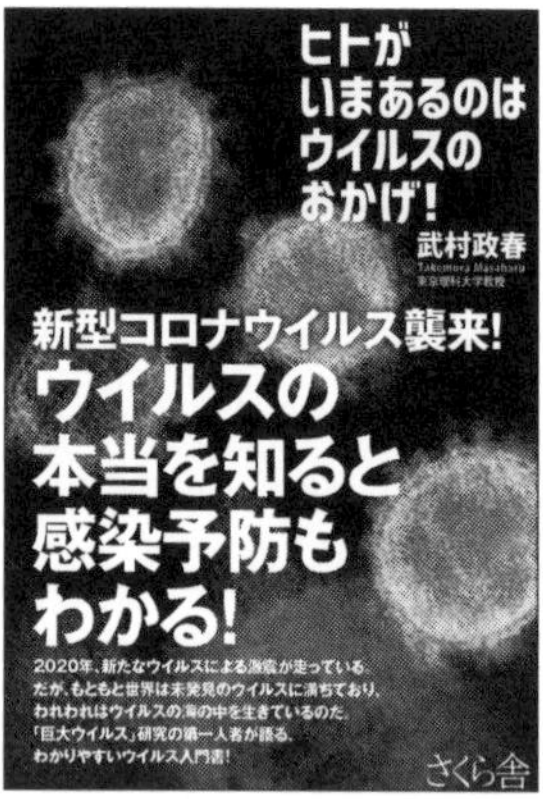

新型コロナウイルスの激震！「巨大ウイルス」研究の第一人者が語る不思議なウイルスと進化の話。人は厄介でもウイルスと共存してきた！

1500円（＋税）

定価は変更することがあります。

さくら舎の好評既刊

二間瀬敏史

ブラックホールに近づいたらどうなるか？

ブラックホールはなぜできるのか、中には何があるのか、入ったらどうなるのか。常識を超えるブラックホールの謎と魅力に引きずり込まれる本！

1500円（＋税）

定価は変更することがあります。

さくら舎の好評既刊

松尾亮太

考えるナメクジ

人間をしのぐ驚異の脳機能

論理思考も学習もでき、壊れると勝手に再生する1.5ミリ角の脳の力！　ナメクジの苦悩する姿にびっくり！　頭の横からの産卵にどっきり！

1500円（＋税）

定価は変更することがあります。